U0253725

程铫 摄

冰与海的征程

徐 宁
— 主编 —

THE
JOURNEY OF
ICE AND SEA

『雪龙』号
极地考察三十年

上海科学技术出版社

图书在版编目（CIP）数据

冰与海的征程 : "雪龙"号极地考察三十年 / 徐宁
主编. -- 上海 : 上海科学技术出版社, 2025. 1.
ISBN 978-7-5478-6844-7

Ⅰ. N816.62

中国国家版本馆CIP数据核字第2024LX7646号

策　　划：李炳刚

责任编辑：高爱华　楼玲玲

美术编辑：赵　军

封面题字：陈志宏

排版制作：谢腊妹

冰与海的征程——"雪龙"号极地考察三十年

徐　宁　主编

上海世纪出版（集团）有限公司
上海 科 学 技 术 出 版 社　出版、发行
（上海市闵行区号景路 159 弄 A 座 9F–10F）
邮政编码 201101　　www.sstp.cn
上海展强印刷有限公司印刷
开本 720×1000　1/16　印张 16
字数 150 千字
2025 年 1 月第 1 版　2025 年 1 月第 1 次印刷
ISBN 978-7-5478-6844-7/N·282
定价：98.00 元

编委会

序

汪海浪 摄

　　地球两极，远离人类居住的大陆，环境恶劣，难以到达，一直保持着其神秘的未知世界色彩。南极洲被誉为"地球的天然实验室"，这片未被大规模开发的大陆，拥有独特的自然环境和宝贵的自然资源。而北极，作为地球的冷源之一，对全球天气和气候系统有着深刻的影响。北极航道，也被称为"冰上丝绸之路"，具有重要的战略和经济意义。

　　极地考察对于科学发现、环境保护、经济可持续发展都具有深远的意义。它不仅是人类探索未知、追求科学奥秘、进行科学研究的前沿阵地，开展国际合作的重要舞台，也是国家综合实力的体现。同时，极地考察还能激发国民的民族自豪感和创新精神。

　　1984 年 11 月 20 日，我国首次南极考察队 591 名考察队员乘坐"向阳红 10 号"远洋科学考察船和"J121"远洋打捞救生船从上海出发，开始了远征南极的壮举，建成了中国第一个南极考察站——长城站。

"极地"号执行我国第五次南极考察任务。1989年2月26日，我国建成中国南极中山站。

"雪龙"号，作为继"向阳红10"号和"极地"号后我国第三代极地科学考察船，自1994年入列极地考察后，肩负我国极地考察之重任，是我国唯一能在极地自主破冰，专门从事极地考察的船舶。其间，"雪龙"号经过三次重大改造，成为先进的极地考察破冰船，三十年来，不仅支持保障了长城站和中山站的扩建改造，以及新建南极昆仑站、泰山站和秦岭站，还支撑了我国在南大洋和北冰洋的科学考察，推进了国家极地重大专项任务的执行，"雪龙"号为我国极地事业发展做出了巨大贡献。

"雪龙"号首航北极东北航道、中央航道和西北航道，填补了我国航海历史空白，获取了第一手环境数据资料，积累了北极航行经验，推进了我国对北极航道的商业利用，极大增强了我国的极地影响力。

"雪龙"号在执行科考任务的同时，也积极参与国际合作、国际救援等公益活动，如救援遇险的俄罗斯"绍卡利斯基院士"号、搜救马航370飞机；帮助韩国、澳大利亚、新西兰等国家运送考察队员和物资等。这些合作不仅展示了中国作为一个负责任大国的形象，也让"雪龙"号成为国内外媒体关注的焦点。

2014年11月18日，国家主席习近平在澳大利亚霍巴特港登上"雪龙"

号慰问我国第三十一次南极考察队员，这是"雪龙"号的高光时刻和莫大荣誉，也是党和国家对考察队员的关怀，对中国极地事业的高度重视，更为中国南极考察队增添了强大的动力。

在我国极地考察四十周年及"雪龙"号极地考察三十周年之际，编撰出版《冰与海的征程——"雪龙"号极地考察三十周年》非常有意义。三十年来，"雪龙"号走南闯北，拼搏奋斗，为我国极地考察事业由弱小到强大的快速发展做出了突出贡献。本书完整描述了"雪龙"号极地考察三十年的历史和成就，记录了船舶购置过程、重要极地考察航次、重大事件以及船员和考察队员生动的奋斗故事。这些故事不仅反映了极地考察的风险与艰辛，更展现了考察队员爱国、求实、创新、拼搏的南极精神。

本书是对为我国极地考察事业奋斗过的勇士们的致敬，也是对以后奔赴极地的考察队员的激励，希望他们能珍惜今天来之不易的考察成就，继续砥砺前行，不断创造辉煌，为我国极地事业做出更大的贡献。

刘顺林

2024 年 10 月 6 日

戈晓威 摄

目录

1

雪龙专栏

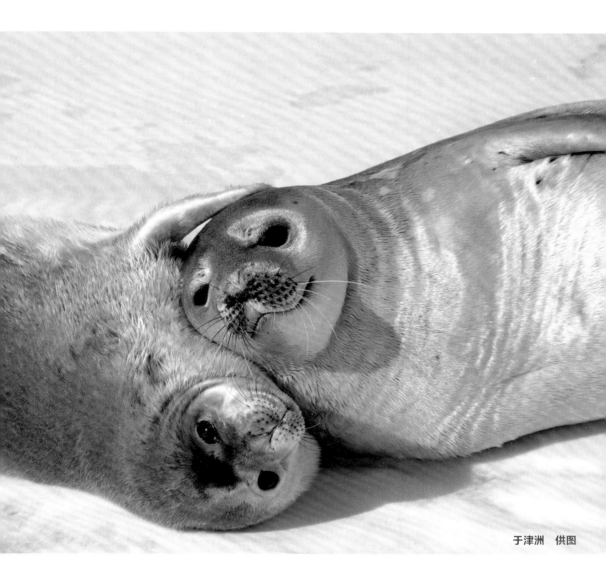

于津洲 供图

张建松 摄

极地，是对地球两端纬度 60° 以上的南极地区和北极地区的统称。

那里是冰封的世界，常年白雪覆盖，气候寒冷，环境恶劣，鲜为人知。特别是南极，它远离人类居住大陆，又有魔鬼西风带为屏障，人类难以接近，是至今未被开发的处女地，更显得神秘瑰奇。

十五世纪后期，随着人类造船技术和航海技术的突破性发展，为了向外扩张、寻找新的殖民地，欧洲资本主义国家的探险家开始挑战南极探险，从而揭开了南极考察的序幕。

十八世纪到十九世纪末属于南极发现时代。以英国詹姆斯·库克（James Cook）、俄罗斯法比安·戈特利布·冯·别林斯高晋（俄文：Фаддей Фаддеевич Беллинсгаузен）为代表的探险家不断发现南极岛屿和海岸，为后来的南极考察打下了基础。

二十世纪早期被认为是英雄时代。英国的罗伯特·福尔肯·斯科特（Robert Falcon Scott）、欧内斯特·沙克尔顿（Ernest Shackleton），挪威的罗阿尔德·阿蒙森（Roald Amundsen）纷纷

冰封南极（仝开健　摄）

挑战南极点。1911 年 12 月 14 日，挪威阿蒙森带领的探险队首先到达极点。英国的斯科特探险队于 1912 年 1 月 17 日到达极地，比阿蒙森晚 34 天，返回时由于遭遇暴风雪，饥饿、寒冷、疲劳使得斯科特和其他四名队员先后抱憾而死。

我国的极地考察开展得比较晚。1978 年，国家海洋局向中央提交了一份《关于开展南极考察工作的报告》，建议成立国家南极考察委员会（简称南极委，属国务院领导），商定中国首次南极考察的方案。

1980 年 1 月，我国派遣董兆乾、张青松两位科研人员赶赴澳大利亚的南极凯西站（Casey），以国际合作的形式开展为期两个月的度夏考察。两人于 1980 年 1 月 12 日飞抵"南极第一城"美国麦克默多（McMurdo）站，踏上神秘的冰海雪原，由此成为首次登陆南极大陆并进行考察的中国科学家。

1980 年 7 月，中国成立了以武衡为主任的南极委，并在国家海洋局下设南极考察办公室（后改为极地考察办公室，简称极地办），统一组织领导南极考察工作。

1983 年，中国作为缔约国加入《南极条约》。同年 9 月，中国代表团前往澳大利亚堪培拉出席第十二届《南极条约》会议。这支代表团只有 3 个人，中国首次南极考察队队长郭琨就是其中之一。

1980—1984 年是我国南极考察的学习和实习阶段。其间，我国共派出 30 多位中青年科学家赴澳大利亚、新西兰、日本、阿根廷、智利、德国等国的南极考察站、南极考察船和研究机构进行考察，并参与研究和培训。

1984 年 6 月，国务院正式批准《关于我国首次组队进行南大洋和南极洲考察的请示》，确定中国将在南极建设第一座科学考察站——长城站，建站时间为 1984 年末到 1985 年初。

罗阿尔德·阿蒙森

罗伯特·福尔肯·斯科特

1980 年 1 月 12 日，张青松（左三）、董兆乾（左一）和澳大利亚南极局局长 McCure（左二）等离开新西兰第三大城市克赖斯特彻奇，飞往南极麦克默多站

1984 年 11 月 20 日，我国派出了由"向阳红 10"号远洋科学考察船和"J121"远洋打捞救生船两艘万吨轮执行中国首次南极考察任务。

1985 年 2 月 20 日，中国第一个南极考察站——长城站宣布落成。

1985 年 5 月，经国务院批准，购置"极地"号破冰科考船。1986 年 10 月 31 日上午 10:00，"极地"号从青岛港拔锚启航，执行我国第三次南极考察任务。

1989 年 2 月 26 日，"极地"号执行我国第五次南极考察任务，在东南极拉斯曼丘陵建成第二个南极科学考察站——中山站。"极地"号执行了六次南极考察任务后，于 1994 年退役。

1993 年 3 月 31 日，我国从乌克兰购买的"雪龙"号离开船厂回国；7 月 12 日，安全停靠上海张华浜码头。

从此，"雪龙"号开始了她极地考察的旅程，不断地创造辉煌成就，为我国极地事业的发展发挥了至关重要的作用。

"雪龙"号自 1994 年入列极地考察，至今已三十年，共完成了 26 次南极考察和 9 次北极科学考察，航迹遍布五大洋，创下了中国航海史上的多项新纪录，为探索极地科学、弘扬民族精神立下了"赫赫战功"。

"雪龙 2"号极地科学考察破冰船（简称"雪龙 2"号）于 2019 年 7 月 11 日完成建造交船，并投入使用，从此我国开启了"双龙探极"的极地考察模式，"雪龙"号与"雪龙 2"号并肩作战，继续书写着我国极地考察的新篇章。

双龙探极

第一章

「雪龙」号的前世今生

"雪龙"号是我国专门从事极地考察的破冰船，隶属于自然资源部中国极地研究中心（中国极地研究所）（简称极地中心）。极地中心的主要职能是开展极地科学研究、极地观监测业务；同时，负责"雪龙"系列极地科学考察船、极地考察站、试验场、保障基地和航空设施等的建设与运行管理。

极地中心现有上海市金桥和曹路两个院区，其中曹路院区位于雪龙路 1000 号，又称中国极地考察国内基地，设有极地考察船专用码头。这里是"雪龙"号的家，"雪龙"号执行极地考察任务都是从这里启航出发的，完成任务后再返回进行维修、保养和休整。码头距离市区较远，但慕名前来参观"雪龙"号的社会各界人士还是络绎不绝。

目前，极地中心是上海市科普教育基地和爱国主义教育基地。"雪龙"号平均每年累计接待参观总量达万余人。

中国极地考察国内基地（极地中心）

登上南极洲，建立中国南极考察站

1984 年 11 月 20 日 10:00，中国首次南极考察队乘坐"向阳红 10"号远洋科学考察船和"J121"远洋打捞救生船，运载着之前四个多月筹备的共 500 多吨建站物资，从上海起航，开始了远征南极的旅程。12 月 25 日 12:31，"向阳红 10"号驶入南纬 60°——根据《南极条约》的规定，这便意味着我国的船只第一次驶入南极。

考察队员顶着恶劣的天气，先后考察了爱特莱伊湾、纳尔逊（Nelsons）岛、阿德雷岛（亦称企鹅岛）和菲尔德斯半岛（Fildes Peninsula）等区域。经实地考察后，考察队认为菲尔德斯半岛属卵石滩型，卵石带以上为第三纪玄武岩片状风化带，硬度适中，适合建站的特点不少：平整开阔，海岸线长，滩涂平坦；有三个淡水湖，水质良好，适于饮用；适宜多学科考察；距智利马尔什（Marsh）基地机场仅 2.3 公

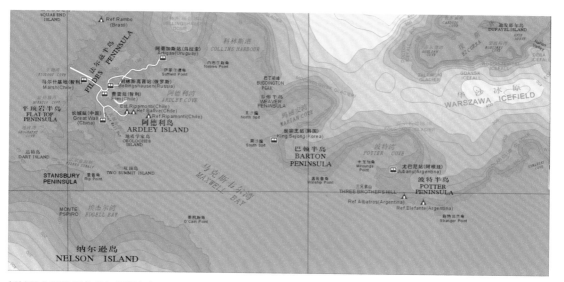

长城站在乔治王岛菲尔德斯半岛，毗邻多个国家的考察站

里，交通便利；与其他站区距离远，较为独立。经过队员们多次实地勘察研究，多方权衡后，确定了乔治王岛（King George Island）菲尔德斯半岛的南部为中国南极长城站站址。

1984 年 12 月 31 日 10:00（北京时间 1984 年 12 月 31 日 22:00），中国首次南极考察队在南极洲的乔治王岛上隆重举行了长城站的奠基典礼。1985 年 2 月 20 日，中国第一个南极考察站——长城站宣布落成，实现了中国海洋人 1975 年提出的"查清中国海，进军三大洋，登上南极洲"梦想，拉开了波澜壮阔的中国极地考察的序幕。

长城站全景

"向阳红10"号从上海浦东东塘路630号东海分局码头出发执行我国首次南极考察

　　完成了首次南极考察任务的"向阳红10"号远洋科学考察船是我国自主设计建造的第一艘万吨级远洋科学考察船。其主要参数：吃水7.75米、总长156.2米、型宽20.6米、排水量13 000吨、巡航速度20节、动力9 000匹（柴油机2台，1匹＝735瓦）、最大航程12 000海里（1海里≈1 852米）、舰载大型直升机1架。

　　1979年11月，"向阳红10"号由江南造船厂建成并交付国家海洋局使用，曾参加我国首次发射运载火箭、同步通信卫星等重大科研试验任务。但是在执行我国首次南极考察任务时，"向阳红10"号遇到强风大浪袭击，船体多处钢板受损严重，可见其无法满足在南极考察严酷环境下的使用需求，后来就不再安排其执行极地考察任务。"向阳红10"号没有按冰级设计，难以承担破冰作业和冰区航行的重任，添置一艘破冰船就成为极地考察的当务之急。当时，我国船舶工业建造技术还难以在短时间内新建破冰船，要解决南极考察之急需，最可行的方案就是向国外购买。

经多方咨询了解，芬兰 Effoa 船舶公司杂货船"雷亚"号，比较符合我们的需求。该船原系芬兰劳马（Rauma）船厂 1971 年建造的一艘具有 1A 级抗冰能力的货船，中国于 1985 年购进后改装而成，当时船上配有先进的卫星导航、通信设备和直升机等设施。

1986 年 10 月 31 日 10:00，"极地"号于青岛港拔锚启航，执行我国第三次南极考察任务，这也是她第一个南极考察航程，还是我国航海史上的第一次环球航行。

"极地"号于 12 月 27 日抵达南极乔治王岛，并于 1987 年 3 月 16 日驶离南极，继续执行环球航行和科学考察任务，当年 5 月 17 日回到青岛港，完成了中国航海史上第一次环球航行。此次考察航时 2 334 小时、航程 30 921 海里。

1988 年 11 月 1 日，"极地"号执行中国第五次南极考察任务，也是首次东南极考察，此次考察的主要任务是在东南极大陆建立考察基地——中国南极中山站。12 月 23 日，"极地"号闯过浮冰区，到达目的地普里兹湾（Prydz bay）拉斯曼丘陵（Larsemann hills）海域附近，一条 10 多海里长的冰带横卧在船与预选站址之间，无法接近岸边卸货。由于冰雪已开始融化，冰面出现裂缝，"极地"号不能在冰面上卸运物资，另外由于缺少水深资料，也不能抵达岸边抛锚卸货。

到 1989 年 1 月 14 日，"极地"号被浮冰围困在普里兹湾达 23 天，冰情才有了变化。"极地"号择机绕过冰山到达距登陆点 400 米处，准备按原计划卸运物资。就在这时，冰情突变，船左舷 0.8 海里处的巨大冰盖发生了南极史上罕见的特大冰崩，"极地"号陷于浮冰的包围之中。直到 1 月 21 日，冰情发生新的变化，位于船前方的两座冰山由于各自移动速度的差异，中间出现一条船可能通过的狭窄水道。"极地"号果

冰与海的征程
——"雪龙"号极地考察三十年

冰区航行的"极地"号

断利用这一时机，冒险从狭窄水道冲出去，进入宽阔水域，脱离险境，结束了一个月来被冰困的局面。因为浮冰围困和冰崩影响，整个东南极考察进度比原计划推迟了一个月。

1989年1月26日，中山站奠基仪式在拉斯曼丘陵举行，紧接着中山站建设工作全面展开，151名中山站建站队员奋战一个月，一举建成了这个常年性科学考察站，又一次创造了新的南极速度。2月26日，中山站举行了隆重的落成典礼。

本次南极考察是"极地"号首次进入南极圈，中山站附近海域冰厚达2米，又遇冰盖大爆裂，形成乱冰，"极地"号破冰时船头撞出了一个600毫米的大洞，海水猛灌进来，极大地危及船舶安全。"极地"号破冰能力和船体强度不具备普里兹湾陆缘冰破冰能力，难以支撑保障中山站的后续考察任务。因此，更新"极地"号替换方案又提上了议事日程，国家海洋局、南极委从1990年开始论证建造新船的工作，筹划新的极地考察破冰船。

"极地"号
科学考察船

"极地"号由一艘抗冰运输船改装而成，因此难以承担破冰作业的重任。而彼时我国船舶工业建造技术还难以在短时间内建造破冰船，要解决燃眉之急，最可行的方案就是向国外购买。

经多方咨询了解，芬兰 Effoa 公司的杂货船"雷亚"号比较符合我们的需求。该船由芬兰劳马船厂于 1971 年建成，1974 年 5 月在联邦德国 H.D.W 船厂进行了加长改装。这艘货船因为要在北极附近海域航行，因此多了一个抗冰功能（注意，是抗冰功能而不是破冰），抗冰等级为 B1 级（芬兰 – 瑞典冰级 1A 级），能破 80 厘米的厚冰。

1985 年 5 月，经国务院批准、财政部同意，南极委派出以国家海洋局装备司副司长刘永达为组长的购船组，经过与船主的多次艰苦谈判，最终以 170 万美元的价格从芬兰 Effoa 船舶公司购买了杂货船"雷亚"号。

船购入后，南极委委托上海沪东造船厂对其进行改装，主要更新了导航设备和通信设备，加装了人员住舱、极地科考设备、减摇装置和直升机平台机库等。经过改装，该船成为一艘多用途并适宜高纬度、高严寒海域航行的综合性科学考察船。改装工程于 1986 年 9 月完成。

中国南极考察终于有了专门从事极地考察的破冰船，被命名为"极地"号，隶属于南极委。

"极地"号于 1986 年 10 月首航南极洲，圆满地完成了这次南极考察和运输任务，并且"极地"号还是我国第一艘

"极地"号科学考察船

完成环球航行科考的考察船。

　　"极地"号主要参数：15 000 吨级、船长 152 米、宽 20 米、经济航速 15 节 /
时、续航力 14 000 海里、载员 120 人、吃水 7.75 米、动力 9 000 匹（柴油机 2 台）、
舰载大型直升机 2 架，可在 80 厘米厚的冰区作业航行。

难得机遇，果断购置"雪龙"号

　　20 世纪 90 年代前后，国际局势风云变幻，动荡不安。1991 年 12
月 26 日，苏联解体。原先强大的苏维埃社会主义共和国联盟瓦解，15
个加盟共和国各自独立。

乌克兰是苏联原 15 个加盟共和国之一，独立后社会经济发展遇到困难，许多重工业生产难以为继，其中就包括乌克兰的重要工业部门赫尔松船厂。乌克兰濒临黑海与亚速海，得天独厚的地理位置为其国内造船业提供了优越的发展条件，因此拥有几座大型船舶制造基地，赫尔松船厂就是其中之一。

当时，赫尔松船厂即将完成 8 艘同类型的北极破冰船的建造任务，但苏联解体后，经济困难的乌克兰不需要这么多北极破冰船，而俄罗斯等其他东欧国家也面临经济困难、国内问题多的现实，短时间内不可能花巨资购买破冰船，即将完工的 8 艘船对于赫尔松船厂来说，就成了"烫手山芋"，亟待处理。其中一艘柴油机直接带动可调螺距桨推进的船舶已经下水且基本接近完工，其性能符合我国极地考察的要求，而且价格相对便宜，这也就是后来的"雪龙"号。

1991 年春节，时任极地办副主任贾根整在向时任国务委员兼国家科委主任、党组书记宋健汇报时，提到中国第七次南极考察队在南极遭遇严重冰情，导致"极地"号船无法靠近中山站卸货，并提出南极考察急需一艘能力更强的破冰船。

当时我国已经持续开展南极考察六年，唯一的一艘极地考察冰区加强船"极地"号于 1971 年建造，服役 20 年，已不堪重负。虽然从 1990 年至 1991 年，国内一直在推进中外合作建造极地考察破冰船，但仍处于论证与报批阶段，更重要的是，新造破冰船难度很大，即使中外合作的方案可行，短时间内也很难造好，难解我国南极考察的燃眉之急。

1992 年上半年，南极委和国家海洋局两部门联合向国务院递交了一份报告，请求国家建造或向国外购买破冰船。据当时造船部门专家测算，如果自建破冰船，周期需要 3 ~ 5 年，经费需 3 亿 ~ 5 亿元人民币，建船谈何容易。

张炳炎院士在刚买回来的"雪龙"号船首留影

　　1992 年夏末，极地办吴军告诉极地办副主任贾根整一则消息：乌克兰的赫尔松船厂有破冰船出售，价钱十分便宜。经过进一步了解，贾根整得知赫尔松船厂造的 8 艘万吨级破冰船已经出售 5 艘，另有 3 艘在建，每艘价格约 1 750 万美元。吴军随后又请教了中国船舶工业总公司第七〇八研究所总工程师张炳炎（1995 年当选为中国工程院院士）。张炳炎是我国造船方面的专家，曾在苏联留学，对赫尔松船厂很熟悉。他表示，这个价格买艘万吨级的破冰船很值，机会不可错过。

　　正是在这样的背景下，乌克兰赫尔松船厂即将出坞的北极破冰船进入了决策者视野之中。

　　国家海洋局、南极委在初步选定目标后，于 1992 年 10 月 9 日至 18 日派遣了由著名科考船设计专家张炳炎带领的技术调研勘察小组，赴乌克兰对破冰船进行实地调研，随后向南极委提交了《北极破冰供应船技术考察报告》。结论认为，该船性能良好，价格便宜，应抓住时机，下决心购买，机不可失。如不购买此船，在国内建造这样一艘船，1亿元人民币是绝对造不出来的。

赫尔松船厂3艘在建船，有的已完成工程的92%。船厂提出，如有购买意向，需要提前签订协议，并付10%的预付金。时不我待，经南极委和国家海洋局同意，1992年10月7日，我方正式通知对方，确有购买意向，并与对方签下预订协议书，在规定时间内支付了订金。

那时，国务院的批示还没下来，先付订金是有风险的，南极委主任武衡果断决定，先签预订协议，订金向国家贷款。关键时刻，武衡写信给时任国务院副总理兼国家计划委员会（简称国家计委）主任邹家华，阐明我国购买破冰船的迫切性，同时附上已上报给国务院的买船报告。邹家华当即在请示报告上批示："请罗干同志阅并报总理，建议从总理预备金中解决。"时任国务院总理李鹏签批："同意。"

经国家领导人拍板，决定动用当年的总理预备金，连同国家计委配套的1亿元人民币购买极地考察船。1992年10月27日，武衡对外正式宣布：我国将购买破冰船。

1992年12月1日，购买合同正式签订。12月7日，中国南极考察事业的奠基者和组织者武衡为刚从乌克兰购买的这艘北极破冰船题写船名——"雪龙"，英文名"SNOW DRAGON"，"龙"代表中国，"雪"代表南极的冰雪世界。"雪龙"号到达国内后，根据中国船级社要求，英文名改为XUE LONG。

1992年12月18日，国家海洋局、南极委派出了监造验收组赴乌克兰赫尔松船厂现场监造验收，张炳炎作为监造验收组首席技术代表，吴军作为船东代表，又从中国船舶检验局聘请了两位高级验船师。国家海洋局还从东海分局抽调30名船员组建接船工作组，由船舶飞机指挥中心领导带队，分批进入乌克兰赫尔松船厂。

近 4 个月的时间里，在首席技术代表张炳炎的带领下，监造验收组在船舶技术方面查看船舶各种图纸、技术资料和设备证书，参加各种设备实验和海上测试，保证"雪龙"号建造质量和船舶技术性能。1993 年 3 月 20 日完成正式交船仪式后，"雪龙"号于 3 月 31 日离开乌克兰，驶向上海港。回来的路程尽管周折，但是在各方的努力之下，依然于 1993 年 7 月 12 日 21:00，"雪龙"号安全停靠上海张华浜码头。

"雪龙"号在冰区外漂泊

朱琳同志的来信

中国南极考察队的同志们：

在这春回大地、万木复苏的时候，李鹏同志和我最近又一次收到了两枚发自中国第二十三次南极考察长城站和中山站的珍贵纪念封，感到十分喜悦。如同我们节日期间收到许多新年贺卡，今天，看到这两张盖有多达8枚纪念戳和他国邮戳的首日封，感到其中特别厚重的含义。

翻阅连续多年来以"中国南极考察队"集体名义寄来的首日封，我们发现每年收信人姓名的填写者的笔迹都不相同，因此感到一茬茬不同年代的考察队员对我们的挂念，如同对祖国亲人每年万里远征去南极大陆进行科学考察时的挂念。今天，借用放大镜观察两首日封封面建筑物的图案，我们欣喜地看到了南极考察站日新月异的进步；每次听到中国南极考察队"为人类和平利用南极做出贡献"的消息，我们为能够在1984年起就成为南极考察的积极支持者感到自豪。

我还上网查阅了许多有关中国南极考察队的消息。中国第二十四次南极考察队去年11月12日已由中国极地考察国内基地码头，乘坐改装一新的"雪龙"号极地科学考察船奔赴南极，这支队伍由188名队员组成，为自1984年中国首次南极考察以来人数最多，我祝愿同志们身体健康，快乐安全，考察顺利，并盼望同志们早日凯旋。

李鹏同志还从他的日记中查出，有六段文字记述了中国南极考察队的成长经历。现摘录如下：

一九八四年六月十三日　星期三

国家海洋局局长罗钰如来谈设立南极观察站问题。第一次投资 1 200 万元，设 20 余人的夏季站，冬季不留人。我让他们向国务院打报告，要国家科委也联名。

一九八五年五月六日　星期一　晴

我国首次赴南极考察编队于去年 11 月 20 日从上海启程，历时四个多月，在南极建立了我国第一个南极考察基地——中国南极长城站，于今年 4 月 10 日回到祖国。下午，我参加南极考察授奖大会并讲话。讲稿是我昨天起草的，主题为希望我国的海洋开发利用和极地考察事业有较快的发展。据介绍，南极洲及其附近的水域在地理上对许多科学实验与研究具有得天独厚的条件。我国于 1983 年加入《南极条约》。

一九八五年十一月七日　星期四　晴

下午，我在大会堂会见即将出征的第二次南极考察队的同志们。康世恩国务委员和相关方面的同志武衡、严宏谟、张序三、严东生参加了会见。考察队队长高钦泉说，这次是多学科综合性的考察，很多项目都有特点。我希望他们把考察工作做扎实，遇到困难时互相帮助。

一九八六年九月三日　星期三　晴

下午，我会见了第三次南极考察队的全体队员。国务委员兼科委主任宋健参加了会见。考察队总指挥钱志宏现任国家海洋局副局长，负责南极考察事务。他已 59 岁，近耳顺之年，实属不易。我仔细询问了"极地"号船的发动机、通信设备和航线险区问题。

一九八九年十二月十四日　星期四　晴

昨天，我以国务院总理的名义打电报给国际横穿南极大陆科学探险队，热烈祝贺探险队到达南极点。我主要赞扬队员们的英雄精神，强调为认识南极、保护南极和和平利用南极做出的贡献。

一九九〇年三月三日　星期六　晴

今天，我致电祝贺国际横穿南极大陆考察队到达终点——苏联和平站。电文指出：在过去 7 个月中，考察队员们不畏艰难险阻，翻越雪岭冰隙，横穿南极大陆 6 300 公里，揭开了南极考察史上光辉的一页。你们的壮举赢得了世界人民的注目与尊敬。

朱 琳
2008 年 3 月 19 日

回国路途，好事多磨

1993 年 3 月 31 日，"雪龙"号交付后，离开乌克兰，开始了回国的航行，目的地——上海。为了保证航行安全，船厂专门派了 6 名工程师随船"保驾护航"。没想到，一路上故障不断：主机排气阀故障，因为没有备件，不得不封缸低速航行；雷达发生故障无法修复，船舶夜航困难；船舶配载不当，海上航行破冰船成了不倒翁，大幅度摇晃，严重威胁船舶安全，甚至有的船员整天都穿着救生衣不敢睡觉。原本 1 个月的航程，整整折腾了 3 个月。最平常不过的航路，却像西天取经一样，闯了一关又一关。也许正因为"雪龙"号有着曲折的来历，才使得它有了后来的辉煌。

当时，接船的船员主要来自国家海洋局东海分局，船长是高正荣（原"实践"号船长）、轮机长是徐永泉（原"向阳红10"号轮机长），共30名船员。

"雪龙"号的回国航线：赫尔松船厂—乌克兰伊利切夫斯克港—土耳其伊斯坦布尔港—俄罗斯诺沃罗西斯克港—博斯普鲁斯海峡—地中海—埃及塞得港外锚地—苏伊士运河—红海—亚丁港锚地—阿拉伯海—印度孟买以北的坎贝湾—印度芒格洛尔（Mangalore）港—印度洋—马六甲海峡—新加坡—上海张华浜码头。

接船三管轮赵勇非常有心，把当时接船的经历记录了下来，也让我们身临其境，真切地感受到"雪龙"号千里迢迢来到中国之不易。

穿行于冰山之间的"雪龙"号

**难忘的"雪龙"
号接船经历**

赵 勇

1993年2月上旬，刚过完春节，我们一行去乌克兰接
"雪龙"号的船员在北京国家海洋局招待所集中，接船员
主要来自东海分局。2月17日，我们接船小组一行20多人
在极地办张杰尧处长的带领下从北京出发前往乌克兰，接船
小组除了船员，还有国家海洋局船舶司石永珠司长、极地办
吴军和英语翻译朱震新、中苏友好协会的一名俄语翻译。飞
机持续飞行了9小时，我们抵达莫斯科国际机场，我国驻莫
斯科使领馆人员在机场用车送我们到大使馆住下。

在莫斯科等待两天后，2月20日，我们一行在莫斯科
乘火车前往乌克兰赫尔松，列车行驶约25小时，抵达赫尔
松船厂。船厂安排车把我们接到市区宾馆住下，在这里与前
期到达的几名高级船员会合。

接下来的一个多月时间，每天早上，船厂安排大巴从宾
馆接我们到停靠在船厂的"雪龙"号上，当时"雪龙"号刚
进行了一次试航，船厂技术人员正在做交船前各项设备的最
后调试。我们每天忙着熟悉船上的各种设备和图纸资料。

2月28日，极地办郭琨主任一行来到赫尔松船厂，洽
谈交船事宜。3月24日，赫尔松船厂正式向我方交船，全
体接船船员和工作人员从宾馆搬到船上居住，"雪龙"号正
式由中国船员管理。

3月31日，在赫尔松市海关、边防人员上船联合检查
后，我们驾驶"雪龙"号离开赫尔松船厂，开启了"雪龙"
号的处女航，随船的还有6名赫尔松船厂"保驾"工程师。

"雪龙"号过欧亚大桥到伊斯坦布尔港加油

　　"雪龙"号回国时，计划顺便装载一批钢材运回上海。离开赫尔松船厂后，"雪龙"号驶往乌克兰伊利切夫斯克港（乌克兰语为 Іллічівськ，2016 年 2 月 18 日，改名为"切尔诺莫斯克港"，乌克兰语为 Чорноморськ），4 月 6 日停靠港口装载 3 000 吨钢材后驶往黑海口的土耳其伊斯坦布尔港加装燃油（因乌克兰没有燃油可供加装，购船时船上燃油所剩不多）。

　　在伊斯坦布尔港加装燃油后，"雪龙"号再次驶往黑海中的俄罗斯诺沃罗西斯克（Novorossiysk）港装载钢材。4 月 18 日，在诺沃罗西斯克港装载 5 000 吨钢材后，"雪龙"号启程回国。原计划一个月的航程，"雪龙"号却开启了一段艰险、漫长的经历。

　　4 月 20 日，"雪龙"号穿越伊斯坦布尔海峡和两座欧亚大桥驶出黑海，进入地中海。4月22日7:00，"雪龙"号抵达埃及塞得港外锚地加装燃油。4月24日，"雪龙"号进入苏伊士运河，4月25日驶出苏伊士运河进入红海航行。

一路航行正常的"雪龙"号却在4月28日9:00红海中航行时，突然出现主机1号缸高压油管分配器漏油故障，只能停船维修，这样走走停停，分配器漏油故障问题一直没有排除，在更换了备用的分配器后，漏油情况还是没能解决。船上决定进行封缸航行，至红海口亚丁港再进行维修，另外也联系了赫尔松船厂，让船厂把主机高压油管分配器、高压油管等备件空运至亚丁港送上船。

5月3日，"雪龙"号抵达亚丁港锚地抛锚，等待空运备件上船维修主机。

"雪龙"号在亚丁港锚地经过20多天抛锚等待后，5月27日总算盼来了空运主机备件，随即船员们进行了更换并试车正常，随后立即起锚往中国航行。

5月29日，"雪龙"号驶出亚丁湾，进入印度洋。刚出亚丁湾，海面上涌浪明显加大，船开始左右摇摆。

5月30日，涌浪和风力加大，船摇摆剧烈，海浪时常打上30多米高的驾驶台窗上，室内物品随着船的摇摆而移动翻滚，部分船员出现呕吐等晕船反应。随着风浪加大，"雪龙"号被迫改变横穿印度洋的预定航线，顶着风浪沿阿拉伯海向印度孟买方向航行。

5月31日，因船舶摇摆颠簸愈演愈烈，"雪龙"号顶着大风浪艰难航行。这时船上一台雷达出现故障不能使用，另一台也时有故障，夜间航行难度加大。屋漏偏逢连夜雨，晚上"雪龙"号主机2号缸排气阀出现故障，船员疾呼乌克兰"保驾"工程师一起参与抢修，诊断下来需要更换排气阀才能解决故障，但海上涌浪太大，再加上是晚上，停船两小时封缸或更换排气阀明显不现实，在大风浪中船舶失去动力是最危险的事情，而且"雪龙"号船舱内8 000吨钢材一旦随着船的摇摆出现移动，后果更是不堪设想。为此，"雪龙"号只能降低速度顶着风浪缓慢航行，等待风浪减小后再择机停机封缸或更换排气阀。船上42名船员和工作人员度过了一个不眠之夜。这一夜，"雪龙"号一直在大幅度左右摇摆，让人备受煎熬。

6月1日，风浪没有减小，但为了确保主机能正常运行，"雪龙"号准备停机对主机2号缸进行封缸操作。早上7:00，"雪龙"号停机，对主机2号缸实施封缸，原计划20分钟完成，因需要在车床上临时加工一个顶杆，封缸过程实际耗时100分钟。在此期间，"雪龙"号频繁大幅度左右摇摆，左右两舷主甲板不时被海浪覆盖，船上每个人都尽最大毅力来克服恐慌。8:40封缸结束，"雪龙"号主机重新启动开始航行，虽然在主机封一个缸的情况下中速航行，但也为船上的人带来生的希望。

6月2日，"雪龙"号继续在印度洋往孟买方向航行。上午，水手在货舱发现固定钢材的钢丝绳断了两根，好在发现及时并进行了重新加固，没有出现钢材移动现象。

6月4日，"雪龙"号航行至离印度海岸100余海里处（水深在70米左右），准备抛锚停机更换主机2号缸排气阀。结果刚一停机，还没把锚抛下，便再次出现大幅度左右摇摆，"雪龙"号马上停止抛锚，迅速启动主机继续顶着风浪航行。

6月5日下午，"雪龙"号抵达孟买以北的坎贝湾，在入口南缘抛锚成功。虽然船仍然左右大幅度摇摆，但在轮机部船员和乌克兰"保驾"工程师的共同努力下，经过4个小时的抢修，主机2号缸排气阀成功进行了更换，于是"雪龙"号起锚继续航行。

6月6日，"雪龙"号沿印度西海岸南下，尽管船加速到15节左右，海面上风浪也不大，但船仍然左右摇摆得严重，而附近几千吨甚至几百吨的船却航行自由，没有出现左右摇摆的现象，令船员们怀疑"雪龙"号的钢材配载出现了问题。晚上，部分船员向船长等领导提出了"雪龙"号无法继续航行，需对钢材装载情况重新进行稳性计算，希望寻找附近港口抛锚或靠港。

6月7日，海况恶化，"雪龙"号左右摇摆幅度更加严重，船员普遍感觉到恐慌，更加坚定是船上钢材配载出现了问题。晚上，"雪龙"号被迫驶向印度芒格洛尔港外锚地，抛锚休整。此时，船上驾驶人员翻阅装载说明书等资料，经过计算后得出船上钢材配载不符合要求，无法保证船的正常稳性，船员希望"雪龙"号进港重新对装载的钢材进行调配，否则接下来的航程仍然存在一定的安全隐患。

当时，国家海洋局船上驾驶员一般都没有装载货物证书，为了运这一船钢材回国，在"雪龙"号离开乌克兰前聘请了青岛远洋运输公司的一名船长上船负责钢材的装载。这位船长没有考虑到"雪龙"号是破冰船，忽略了其船体本身自重较重，凭着经验对8 000吨钢材下层舱70%、上层舱30%的比例进行配载，结果船体出现了"不倒翁"现象，稍微有一点风浪，"雪龙"号就会左右摇摆。当"雪龙"号在印度芒格洛尔港外锚地抛锚时，船员们和装货船长有关钢材配载的争论达到白热化。

即使在锚地抛锚，"雪龙"号依然在左右大幅度摇摆。船上领导向国家海洋局汇报情况后，国家海洋局同意"雪龙"号靠港进行货物调整。

6月9日，"雪龙"号进港停靠码头，先把上层舱的钢材卸至码头，然后再打开下层舱，卸下一部分钢材，也就是把下层舱的一部分钢材调整至上层舱。

"雪龙"号回国航行途中出现的各种问题受到国家海洋局高度重视。6月20日，国家海洋局副局长陈德鸿、东海分局船长沈阿坤、极地办王新民一行带着手提雷达来到停靠在印度芒格洛尔港的"雪龙"号上，他们将和我们一起随"雪龙"号航行至上海，也为"雪龙"号保驾护航。

6月22日，"雪龙"号钢材配载调整完毕，在印度芒格洛尔港重新起航。晚上，船转向东南直线航行，结果证实同样海况、同样气象条件下，船左右摇摆的问题得到了明显改善。

随后，"雪龙"号一路航行顺利，穿过印度洋进入马六甲海峡，于6月29日抵达新加坡锚地抛锚。在锚地上，新加坡代理送来了两台新购置的雷达和GPS定位系统。

7月3日，"雪龙"号在新加坡锚地起锚，开启至上海的最后一段航程。"雪龙"号在南海、东海一路劈风斩浪，航行非常顺利，于7月10日入长江口，晚上抵达吴淞口锚地抛锚。

7月12日，"雪龙"号起锚进港，晚上9点停靠上海张华浜码头。国家海洋局东海分局、极地办领导和部分船员家属在码头迎接。

至此，"雪龙"号历经三个月的艰难航行平安回到上海，这一路的艰辛和坎坷，让我终生难忘。

"雪龙"号在中山站锚地卸货

第二章

改造升级，成为先
进极地科考破冰船

汪海浪　摄

"雪龙"号于 1993 年 7 月 12 日购买回国后，成为我国唯一一艘专门从事极地科学考察的破冰船，连续执行南北极考察任务。在过去的三十年中，为了满足极地科学考察、安全航行和条约规范要求，"雪龙"号共进行了三次大的迭代升级改造：1995 年 "雪龙" 号改装、2007 年 "十五" 期间能力建设 "雪龙" 号改造和 2013 年恢复性修理改造。

第一次改造：升级保障能力，满足极地考察需求

　　刚购置回国的 "雪龙" 号原设计是北极综合补给船，续航力 8 000 海里，自持力只有 50 天，船上定员只有 55 人。这样的保障能力难以满足我国极地考察的需求，中山站、长城站的越冬队员、大洋队员、度夏队员和船员总共人数要超过百人，既要到中山站又要到长城站，"一船两

1995 年，与沪东造船厂签订 "雪龙" 号改装工程合同

完成改造后的"雪龙"号（王硕仁　供图）

站"任务航程超过目前的续航力。基于以上情况，1995年，国家投资将1号货舱主甲板层中间改为实验室，左右船舷布置为水文绞车间和CTD（温盐深）绞车间，以保证基本海洋调查的功能；1号货舱底舱改为两个极地油舱，为两站补给油料；另外增加1个淡水舱满足考察队员的生活饮用水；续航能力提高到14 000海里，自持力达60天；1号舱舱面加装实验室，第二层和第三层加装考察队员住舱，增加80人舱位，额定载员达120人。

第二次改造："十五"能力建设"雪龙"号改造

2001 年初，"雪龙"号已经运行了 8 年，设备故障越来越频繁。1998 年 6 月船舶特检，抽拔尾轴后，支垫轴承温度偏高一直没有被很好解决，其他设备故障也陆陆续续发生。由于建造"雪龙"号时正值苏联解体，赫尔松船厂管理比较混乱，备件供给不足，设备调试不充分，导致很多设备故障难以彻底解决。尤其是原配的通信导航、机舱自动化设备，随着电气电子设备高速发展，都已成了淘汰产品，故障频发，备件停产或短缺，因此存在着严重安全隐患；"雪龙"号改为极地考察船后，淡水储存量供应严重不足，污水处理能力不够，生活设施等难以满足极地考察的需求和国际海事组织相关公约的规范要求；现有的海洋科学调查手段和工作条件存在着设备落后、系统性差的问题，这严重制约着极地现场考察计划的实施。

为了保证我国极地考察总体目标的实现，"雪龙"号亟待在"十五"期间进行改造更新，使之成为安全可靠、与我国极地考察事业持续发展相适应的后勤保障平台。

极地考察工作一直得到国务院及有关部委的关心和支持。2001 年5 月 23 日，国务院领导对国土资源部上报的《关于我国极地考察工作有关问题的请示》进行了批复。

根据国务院领导对《我国"十五"极地考察能力建设总体方案》的批示和国家发展计划委员会、财政部的意见，为了提高我国极地考察能力和水平、促进我国极地事业发展、维护我国在极地的地位，国家海洋局将极地考察能力建设作为我国"十五"极地考察工作的主要内容，制定了相关建设方案和"雪龙"号改造计划。

2006 年 7 月 24 日，国家发展和改革委员会下发《关于中国极地考察"十五"能力建设项目初步设计方案和投资概算的批复》（发改投资〔2006〕1449号），批准了"雪龙"号初步设计申报的投资费用。

此次"雪龙"号改造工程量大、技术复杂、时间紧，极地中心又第一次组织实施这么大的工程项目，经验不足，这绝对是一次严峻的挑战。

为了保质、保量、按期完成改造任务，极地中心设立"雪龙"号改造工程部，由袁绍宏副主任任总指挥、船舶管理处汪海浪处长任现场工作组组长，徐宁副处长任现场工作组常务副组长，驻厂协调组织改造工程，改造工作充分发挥船员力量，设立船体工作小组、轮机工作小组、科考工作小组、网络工作小组等科学合理的组织机构，制订明确的岗位职责和工作程序。

"雪龙"号改造工程项目经过公开招标，确定设计单位为上海船舶研究设计院，改造施工单位为上海船厂船舶有限公司，监理公司为上海双希海事发展有限公司。

在"雪龙"号改造工程部统一协调下，各方通力合作，通过科学的过程控制和管理，采用工程会战的创新性组织措施，解决了工期短、任务重的问题，确保改造工程项目按时保质保量完成。按船舶行业通用做法，这种船舶改造修理工程项目都是通过议标、谈判形式确定厂家，"雪龙"号改造工程项目首次采用了公开招标形式选择船厂，招标工作公开、公正，确保了经费的高效使用，保障了改造工程的质量。根据"安全、先进、适用"的原则，船舶管理处组织"雪龙"号船机电各专业骨干船员、监理公司人员、设计院人员预先进行产品调研，为设备选型和改造技术方案奠定基础，保障了设备采购的质量和交货周期；船改组与专业的监造公司紧密配合，制订完整的监造实施计划，有效控制工程进度、建造质量和建造成本。

在船厂、设计院、监理公司通力合作和共同努力下，"雪龙"号2007年3月26日进厂改造，并于11月6日按时完工交船。这么大的工程项目只用7个月时间就完成了改造任务，赢得了宝贵的时间，保障了11月12日中国第二十四次南极考察能够按计划实施。

"雪龙"号改造工程开工仪式

"雪龙"号改造包括机舱监测报警系统、主机遥控系统、阀门遥控和液位遥测系统、电站管理系统等机舱自动化改造，涉及3 000多个探头，铺设电缆60多公里；整个上层建筑换新，优化总体布置，改造面积达5 000多平方米，驾驶台通信导航系统全部更新，加装全船网络系统和数据库，等等。这么大的改造工程只用7个月时间完成，确实非常不容易。2007年前后，船舶修造非常红火，专业施工工程队任务都非常饱满，"雪龙"号改造工程最后冲刺阶段，船厂的人力严重不足，找不到工程队干活，施工人员调配不过来，严重影响工程进度。当时，为了保证阀门遥控电缆铺设按计划完成，现场工作组人员主动参与施工，协助工人一起拉电缆，和工人打成一片，调动工人积极性，最后保证了整个系统的安装调试。

"雪龙"号电气自动化系统改造涉及面最广，技术难度最大，况且只能在改造收尾阶段才能完成调试。10月上旬，离计划交船20天时，船厂主监造师明确告知，工程量太大，已经不能按计划完成了，

上层建筑分段建造、整体吊装

要求推迟交船。推迟交船将会影响南极考察任务的执行，现场工作组感到压力很大，立即让系统工程师王硕仁对每个分系统进展进行分析，推算工作时间，最后制定出了按时完成调试的工作方案。与船厂监造师的沟通给予船厂信心，说服了船厂按计划安排工程施工和调试。驾控台安装调试时，二副王建忠利用他的通导专业技术，夜以继日开展施工调试，最终保证了调试时间。就这样，在各方的共同努力下最终按时交船。

虽然按时交船了，但由于改造时间太紧，部分非主要设备和生活设施没有充分调试，包括有些电缆没有做好固定，整个船舶状态看起来还是很令人担忧的。为了这次改造，"雪龙"号停航第二十三次南极考察，"饿"了一年的中山站、长城站已经亟待补给，特别是油料严重不足，如果供给不能及时送达，就要关站了，那将会造成非常不好的国际影响。

新的上层建筑整体吊装

当时拟担任中国第二十四次南极考察队领队的魏文良亲自上船了解改造情况，问轮机长赵勇："动力设备能不能保证安全？"赵勇信心满满地回复："安全航行没问题。"魏文良领队又了解了驾驶台通信导航设备良好的情况，心里有底气了，宽慰大家说："生活方面最多大家艰苦一点，一起克服一下，安全是能保证的。"这才坚定了安排"雪龙"号执行第二十四次南极考察任务的决心。

为了给大家信心，船舶改造现场工作组的人都主动要求出海压阵，所以船舶管理处正副处长汪海浪、徐宁都随船保驾。徐宁带领船厂两位保驾工程师王海星、张年红做好保修和继续调试工作，一路上解决了相当多的遗留问题。快要到赤道的时候，天气炎热，发现空调不能正常运行，经检查发现是冷却水管接错了，于是立即组织人马连夜改装恢复正常使用，过赤道前及时为大家送上凉风。到了南极，准备1号油舱加温驳油时，发现油舱蒸汽管也接错了，又马上进行整改。就这样经过热天和冷天的运行，一路不断整改和调试，在"雪龙"号离开中山站前往长城站的航途中，船舶各种设备都已经正常了。两位

中山站卸货

船厂工程师此时也感觉没事可做，就提出要回国，考察队根据船舶设备已经运行良好的情况，同意在船舶停靠阿根廷布宜诺斯艾利斯（西班牙语：Buenos Aires）港时让他们回国，这实际上也宣告了本次船舶改造的成功。

经过这次改造，"雪龙"号焕然一新，船体颜色由原来的黑色改为红色，在白茫茫的冰雪南极更加鲜艳夺目。

船体总体空间布置合理，生活工作环境舒适。宽敞明亮的全视角驾驶台，装备先进的通信导航设备，机舱主机遥控、监测报警、阀门遥控、液舱遥测系统的自动化全新改造，极大提高了船舶的安全航行能力。

本次改造中新增、更换了全船主要科考调查作业设备，包括更新和加装了万米地质绞车、CTD 绞车、A 架等科考甲板机械设备，以及 CTD 等探测、采样和作业设备；新设现场数据集成、处理、共享和远程数据系统；原 200 平方米的实验室扩增至 570 平方米，新建了物理、化学、通用、生物、地质等多个实验室，同时扩大尾甲板调查作业面积。

通过改造，"雪龙"号的走航自动化、剖面连续化观测、测区全深度观测和数据共享网络化的科学调查能力得到了加强，实验室环境和甲板作业系统得到了改善，作业的机械化程度进行了加大，这使"雪龙"号真正具备了较为系统的极地海洋环境综合调查能力，增强了承担大型国际南北极海洋科学考察任务的能力。

改造一新的"雪龙"号连续征战南北极考察，取得了丰硕的成果，实现了我国船舶首次航行北极东北航道，首次试航西北航道，成功访问台湾高雄港——"破冰之旅"，取得了良好的社会效应。

这次"雪龙"号的改造工程获得中国航海科技创新一等奖。

船体颜色由原来的黑白改为红白

1. 总布置优化汲取国际先进设计理念

（1）最大限度挖掘使用空间，为总体布置的合理化奠定基础。经过上层建筑的重建和巧妙合理地利用1号货舱与4号货舱的顶部空间，扩展了可利用空间，有效使用面积从原3 100平方米扩大到了3 660平方米。

（2）大幅度增加科考实验面积，满足科考需求，体现一切为科考服务的理念。原实验室总面积由200平方米扩展到570平方米，甲板调查作业面积由原90平方米扩大到230平方米，加强了甲板作业和实验室功能；增设科考会议室和多功能学术交流厅，方便了科学家学术研讨和交流。

（3）有机布置功能区域，强调以人为本的设计理念：科考区、船员住区、考察队员住区、行政住区、公共活动区域设置了自然分割，最大限度减少对考察队员生活和工作的影响；设置六层电梯和四层电梯使各区域有机地结合贯通，方便队员出入；每层设计饮水间、垃圾分类间和鞋帽间，体现了环保理念和对人无微不至的关怀。

（4）合理调整部分液舱、货舱、配载和空船重心位置，改善了船舶的浮态。在上层建筑和尾部实验室面积增加的同时，保证了实际装载量不变。合理分布固定压载，提高船舶稳性，保障南北极恶劣海况下航行安全。

2. 先进的大尺度、全视角综合桥楼，开创了极地科考船综合桥楼作业指挥系统的先河

（1）自动航迹跟踪的一人综合桥楼：根据船舶操纵、破

冰操作、极区作业指挥的特殊要求，通过对全球最新导航、控制技术的科学整合，集成了电子海图、GPS、AIS、ARPA雷达、光纤罗经、计程仪、自动舵、测深仪等驾驶台主要导航设备，实现自动航迹跟踪功能。通过桥楼系统布局的优化，各分立系统的高效集成，实现人机环境和谐的一人综合桥楼。

（2）新型超现代的驾驶台：考虑到作为极地考察频繁的国际交流互访，此次改造，将驾驶台设计成 360° 全视角、大玻璃、无暴露支柱的宽敞新型超现代的驾驶台，完美体现了我国作为南极大国的国家形象。

（3）解决高纬度航向偏差难题：随着纬度的增高，常规陀螺罗经的航向误差就会增加，甚至不能工作。改造组经过认真研究和广泛调研，本船选用的光纤罗经是一种固态、免维护的罗经，也是目前世界上民用船舶最先进的罗经，可在纬度高于 85° 时提供可靠的航向信号，解决了高纬度航向偏差的难题。光纤罗经还能提供纵摇与横摇信号，这是陀螺罗经所不能做到的。

（4）解决高纬度卫星信号覆盖缺失导致通信不畅的困难："雪龙"号航行于 A1+A2+A3+A4 海区，特别在高纬度地区，卫星覆盖的缺失导致通信困难。为了保证符合国际海事组织的规范和在极区的通信能力，改造中采用了多手段的通信设备。除正常安装的 GMDSS 规范设备外，还安装了 INMARSAT-F 站、海用 BGAN FLEETBROADBAND、手持高纬度卫星电话。在高纬度航行其他常规设备都无法通信的情况下，通过高纬度卫星电话依然可以保持与岸基进行语音通话和 E-mail 收发。

（5）舵机控制接口技术改造，实现综合导航能力：新导航系统中的操舵控制单元不能与原舵机执行单元进行衔接，新系统无法通过原舵机执行单元控制舵机，必须对原舵机执行单元进行改进。但原舵机执行单元控制方法非常复杂，与当前流行的几种控制方式（电磁阀、比例控制阀等）都不同。为实现新操舵单元对舵机的控制，船改组和工程技术人员对舵机液压系统工作原理进行认真分析研究，通过多次技术论证和反复试验，决定在改动液压控制系统管路的基础上，采用电磁阀控制以实现对舵机的有效控制，成功实现了舵机控制接口技术改造。

3. 具有国际先进水平自动化控制系统开发运用

（1）主机遥控和可调桨控制系统创新开发：开发了具有多工况运行控制功能的主机遥控系统。根据"雪龙"号极地破冰特点，设计开发了"雪龙"号转速－螺距的破冰模式匹配曲线，提高了船舶冰区航行能力和破冰能力，增强了船舶操纵控制能力；通过开发"转速－螺距的最佳匹配曲线"，使主机运行在最佳负荷状态，提高了船舶运行的经济性能和主机的安全性能。

（2）主机控制接口技术研究和应用：首次将最先进的主机遥控系统 AC C20 应用到"雪龙"号主机遥控和可调桨控制系统中。

4. 国内率先开发表层海水采集和实时分析系统、船载剖面观测系统，实现"雪龙"号全航程大气和海洋环境观测

（1）表层海水采集系统具有防止内部成冰和冰堵、进出水流量平衡、淡水反冲等功能；配置了走航观测传感器，实现表层海水物理、化学、生物学参数的走航连续观测和数据采集分析处理功能。

（2）船载风廓线仪能够在航行中以遥感方式（即无球方式）连续测量和记录边界层三维风场和大气光学折射率随时间变化的高度廓线，实现"雪龙"号全航程大气环境连续观测。

5. 成功开发极区多功能科考作业艇，填补了国际极地多功能作业艇的空白

设计开发超短超宽，浅吃水、带冰区加强的作业艇，具有稳性好、抗风能力强、近站浮冰区低速航行阻力小、机动性和浅水礁石区航行能力强等特点，达到 7 级抗风能力和 B 级抗冰能力；可适应极区风浪大、吃水浅和碎冰多环境下的航行，提高了水上驳载能力和使用安全性，弥补了船与两站码头之间物流运输的薄弱环节，填补了极地多功能作业艇的空白。

新建的极地冰区多功能科考作业艇——黄河艇

6. 现代造船技术在项目改建的应用达到国内领先水平

修船项目管理和造船舾装一体化模式成功联合运用，使该项目的质量和进度得到保证。上层建筑的改造采用整体割除、整体吊装的现代造船技术工艺，提高了预舾装率，大幅加快了建造进度，节省了改造经费，不仅保证了建造质量，使得船体外形平整、光顺、美观，还减少了船体受风阻力，提高了经济性和安全性。

7. 综合信息管理系统开发，实现了国内首套科考信息和数据实时采集管理系统的实船应用

（1）集成计算机网络和远程通信系统，网络系统采用系统核心服务器和交换机双机热备的冗余设计，布线系统采用符合船舶特点的设计和工艺，满足了船舶计算机网络基础技术平台高效、可靠、稳定的技术要求。

（2）通过对船舶通导设备和机舱设备输出数据的采集、分析和存储，在船舶计算机网络上以 C/S、B/S 方式实现数据的显示、共享和查询，既满足了考察船航行状态的实时监控，又满足了科考项目作业对船舶航行状态信息的需求。

（3）通过国际海事卫星通信网络和地面公众通信网络对船舶航行动态信息的远程传输，实现了陆地端（极地中心）对"雪龙"号的远程监控。

（4）开发了用于科考数据采集系统的专用数据采集模块配置系统，充分利用单片 PC 机较强的处理能力，实现对多种数据源的配接，从而实现了多种不同类型科考设备输出数据的采集。

8. 集成节能环保技术，首次实现油、污水零排放，达到国内领先水平

利用最新技术实现两极污水零排放；优化主机工作参数，满足 MARPOL 的 NO_x 排放；采用变频等节能技术，降低能耗。

（1）真空式生活污水处理装置及配套的真空马桶系统解决了"雪龙"号在极区排放生活污水的困难，节约了大量珍贵的淡水。厨房垃圾处理装置是一种新型的环保装置，能够有效处理各种食品垃圾，能对食品垃圾进行粉碎和微波烘干，解决了在极区大量垃圾无法处理的问题。

（2）中央空调系统充分利用先进温、湿度自动控制技术，极大提高了环境舒适度；系统以冷媒水的形式调节空气温度，方便分区操作并起到了节能作用；分区调节，变频送风，噪声减少，布风器出风平稳，也提高了环境舒适感。

（3）采用变频供水改造生活供水系统，该系统能根据用水量的大小自动调节水泵的转速，保持供水压力的恒定（预先设定值）。该系统的使用，保证了船上供水系统压力的稳定，减少了水泵的运行时间和电能消耗。

（4）主机排放：由于使用了电子调速器，其动作灵敏，响应速度要比液压调速器快一至数倍，动静态精度高，提高了主机调速精度，增强了主机运行的平稳性，改善了燃油燃烧工况，控制了氮氧化物（NO_x）的排放。

9. 科学的过程控制和项目管理，创造国内科考船改造经费最省、周期最短、质量最优的纪录

本项目设立科学合理的组织机构，制订岗位职责和工作程序，设计院、制

造厂、监理、船东通力合作，通过科学的过程控制和管理，采用工程会战的创新性组织措施，解决了工期短的问题，确保改造工程项目保质、按时完成。

在船舶改造大型项目中，"雪龙"号的本次改造首次采用了公开招标形式选择船厂，确保经费的高效使用，保障了改造工程质量。

根据"安全、先进、实用"的原则，项目组预先进行产品调研和专家评审，确定设备选型和技术方案，保障了设备采购的质量和交货周期。

 知识点

"雪龙"号添置船载直升机

在现代极地科学考察中，直升机已经成为不可或缺的支撑保障工具。"雪龙"号自 1999 年开始租用直升机参加极地考察，船上有可容纳两架直升机的机库、完善的飞行指挥系统、消防系统和航煤存储供给系统。其中，直升机库大小按照"Ka-32A11BC"（简称"卡-32"）机型设计。

2006 年，"十五"能力建设批复同意为"雪龙"号配置一架"直9"型直升机。在我国第二十四次和第二十五次南极考察时，为了昆仑站建设和中山站改造，大批量的物资需要从船上运往中山站，仅仅依靠小艇和驳船运输受冰情影响太大，无法按时完成卸货任务。当时，通过了解，俄罗斯制造的"卡-32"直升机能吊运5吨物资，非常适合在南极吊运物资，因此，我国从韩国租借了"卡-32"直升机，使用效果非常好。"雪龙"号还专门发回了"直-9"和"卡-32"直升机使用情况的比较，希望新配置的直升机选型"卡-32"。

"雪龙"号发回的"直-9"和"卡-32"直升机使用比较情况原文如下：

"卡-32"和"直-9"直升机使用情况对比

极地中心：

直升机在极地考察的物资装卸、科学调查以及人员输送等工作中，都发挥着不可替代的作用。中国第二十四次南极科学考察队随船携带1架"卡-32"、1架"直-9"直升机，在南极进行人员输送和物资吊运任务，现将这两种机型的使用情况对比报告如下：

一、"直-9"直升机

机身轻巧轻便，耗油量小（1.079桶／小时），适合探路以及人员卸运，载人8名。

货物吊运能力，吊挂上限为1吨以内。

进入机库所需要人工拆除旋翼，使用时人工安装。

机组人员4名。

二、"卡-32"直升机

"雪龙"号的机库、航空煤油舱、加油装置、牵引、系留原本是为该机型配套设计。

耗油量4.05桶／小时，载人15名。

货物吊运能力，吊挂上限为4吨以内。

机组人员6人，其中1名翻译。

独特的共轴式旋翼设计，使其飞行性能稳定，进库旋翼不需要拆除，可以折叠放置。

雪龙船

二〇〇七年一月四日

极地中心高度重视现场情况反映，组织力量开展大量调研咨询。2007年4月18日，极地中心组织召开了"雪龙"号改造直升机方案专家会，中心领导、项目办、船舶处、站务处、陆航局、中信海直、中船重工 701 研究所的专家参加了会议。会议讨论了根据"雪龙"号机库、起降平台现况研讨装载"米-8"和"卡-32"直升机的可行性，并讨论了购置"直-9"直升机的相关程序。

会议根据专家意见得出以下结论：

（1）"雪龙"号不适合配置"米-8"型直升机。

（2）"卡-32"直升机价格超过发展改革委批复的投资概算 1000 万元，型号许可证也需要我国民航总局加急办理；若能追加 1000 万元即可购置"卡-32"直升机，应尽快启动程序落实经费追加事宜。

（3）若不能追加经费，极地中心应尽快按照发展改革委批复文件要求，确定购置"直-9"，并启动"直-9"的购置程序。

极地中心购机工作经过全面论证，同意改机型，并得到了发展改革委同意，追加经费选购由俄罗斯制造的最新型的"卡-32"直升机。由于此机型首次引进，购机过程碰到了很多困难。民航局、海关等社会各方给予了大力支持，最终于 2009 年 5 月 27 日，直升机通过技术验收并进行了产权移交，命名为"雪鹰"号。"雪鹰"号直升机通过公开招标确定委托中信通用航空有限责任公司托管。

"雪鹰"号直升机参数

参数	数据	参数	数据
最大正常起飞重量	11 000 千克	机身长度	11.3 米
发动机功率	2×2 200 马力（1 马力 ≈ 0.735 千瓦）	机身高度	5.4 米
最大巡航速度	230 千米 / 小时	机身宽度	3.5 米
最大航程	920 千米	最大载客	13 人

直升机交付仪式

中国第二十六次南极考察入列仪式

冰与海的征程
—— "雪龙"号极地考察三十年

2009 年 10 月 10 日，在中国第二十六次南极考察即将出发之际，也是全国人民喜迎新中国 60 华诞、我国极地考察事业迎来 25 年之时，"雪鹰"号直升机正式加入中国极地考察行列，从此我国极地考察有了专用直升机。这标志着我国有了专用的极地考察直升机，自此我国极地考察进入水陆空立体交叉模式的新时代。

　　"雪鹰"号后被命名为"雪鹰101"，从 2009 年入编极地考察后完成了我国第二十六次和第二十七次南极考察任务，但是在第二十八次南极考察中下降冰面时侧翻，机损报废。保险公司出资重新购置，并命名"雪鹰102"，于 2013 年 10 月 9 日在青岛交付验收，并在第二十九次南极考察时投入使用。"雪鹰102"直升机服役至今15 年，每年为南极运送油料和物资上千吨，有力保障了南极考察工程建设、物资补给，特别是在第三十次南极考察时参加"绍卡斯基院士"号救援，赢得了良好的社会声誉。除此之外，"雪鹰102"在国内期间还参加了 3 次森林火灾应急救援任务，取得了积极的社会效益。

新配置的"雪鹰102"直升机

第三次改造："雪龙"号恢复性维修改造

在提出"十五"能力建设改造时，"雪龙"号的使用时间不到10年，动力系统、甲板机械等设备运行尚可，能够满足当时的国际规范要求和科考需求，但其中未涉及动力系统、甲板机械等设备的改造。

"雪龙"号在第二十七次南极考察穿越西风带时，主机发生故障，抢修更换备件导致停机10分钟。失去动力的船舶随风漂泊，剧烈摇晃，难以控制，严重影响船舶和人员安全；主机凸轮轴发出非正常的敲击声，主轴承磨损超标，主机地脚螺丝松动，发电机输出功率降低，海水冷却管腐蚀使得管壁变薄，冷却水管系存在爆裂危险；主机老化，输出功率下降，影响破冰能力；发电机最大输出功率仅为原有功率的70%；吊车仅为原有吊重能力的70%，两台吊车并联使用功能丧失；桨叶腐蚀严重，四片桨叶出现圆状超标缺陷。所有这些情况都预示着船舶心脏——动力系统已经退化，必须进行大修以恢复其功能。

另外，根据《国际防止船舶造成污染公约》规定，2011年3月在南极海域禁止使用和携带重油，像"雪龙"号一样原来以重油为燃料的南极考察船都必须改装成轻油燃料。因此，"雪龙"号主副机和锅炉亟须改装成使用轻油燃料的发动机，来满足国际公约环保要求。

根据中国极地考察"十二五"规划，我国将建造第二艘科学考察破冰船，与"雪龙"号组成极地科学考察破冰船队，以满足加强极地海洋环境和资源调查的战略需要。在未来极地考察"二船多站"的基础设施体系中，"雪龙"号仍将是主要的南极考察运输工具和极地海洋基础调查平台，承担南极考察站的物资补给和人员运送任务，并进行南大洋、北冰洋海洋调查任务，具有不可替代的关键作用；新建破冰船将主要进行南北极海洋环境和资源调查任务。

"雪龙"号动力系统、甲板机械、环保系统进行恢复性修理和改造与"十五"能力改造项目形成前后相继的配套工程，在保持原有船体结构、总体布置和动力输出指标不变的前提下，整体性延长"雪龙"号的使用寿命 10 ~ 15 年，以满足组成船队、加强极地海洋调查的战略需要。

2011 年 6 月，极地中心提出计划方案，对"雪龙"号进行恢复性修理，以提升船舶的综合能力和安全、环保性能。恢复性修理工程内容主要包括主推进系统、电站系统、液压系统、吊车、海水淡化装置及其他相关附属设备和工程，计划 2011 年编制项目建议书和总体预算，2012 年进行设备调研论证，2013 年开工实施。

2012 年 6 月，国家海洋局正式批准"雪龙"号恢复性维修改造项目，同意对"雪龙"号进行恢复性维修改造。为此，极地中心成立"雪龙"号恢复性维修改造工程部（简称工程部），袁绍宏副主任任总指挥；船舶与飞机管理处处长徐宁任副总指挥，负责改造技术与生产管理；基建与资产管理处处长陈楠任副总指挥，负责商务和经费管理；船舶与飞机管理处副处长赵勇任现场工作组组长担任船东代表。

本项目设计单位经过公开招标确定为中国船舶集团有限公司第七〇八研究所（简称 708 所），监理公司为上海双希海事发展有限公司，船厂经过后期公开招标确定为上海江南造船（集团）有限责任公司（简称江南造船）。由于本次恢复性维修改造主要涉及主副机和桨轴，特聘中国船舶集团有限公司第七一一研究所（上海船用柴油机研究所，简称 711 所）作为技术支撑单位。

"雪龙"号作为极地考察船，有单机单桨的先天性不足，部分人感觉安全冗余低，因此大家希望为"雪龙"号安装双主机来提高安全性。为此，前期制定了双机单桨和单机单桨两个改造方案。工程部组织专家对两个方案的安全性和可行性进行评审。会上，张炳炎院士认为改为双机单桨，虽然看似多了一台主机作为备用，但是也增加了齿轮箱故障的风险。另外，从国际范围的船舶运行情况看，低速主机还是比较可靠的，还没听说过由于低速主机故障引起的严重事故。最后，与会专家一致认为单主机模式比较符合"雪龙"号安全改造。

2012年3月6日—3月12日，工程部组织相关人员赴青岛、武汉、苏州、无锡、合肥和上海等地调研主机、柴油发电机组、吊车等重要设备厂家和船厂，从先进性、可靠性和生产周期等多方面综合考虑，主机选用中外合资青岛生产的共轨电喷主机，功率和转速与原机型保持一致，既能确保船体结构不会受损，又能维持破冰能力。

为了确保选用设备的可靠性，副总指挥徐宁、船东代表赵勇和工程部相关人员，到拟选主机型号的用户中波轮船公司进行调研，了解使用情况。该公司使用瓦锡兰电喷主机最多、时间最长，公司机务部有几个轮机长一致认为，这种主机运行安全可靠且节油，符合"雪龙"号改造要求。

赵勇和徐宁又专门到舟山一艘货船调研拟选型号的克令吊实际使用情况，包括询问该船的轮机长和三管轮，上吊车查看现场运行情况，确认了设备使用安全可靠。改造工程还有一个重要的技术环节需得到保证，即主机更换后轴系振动和船体共振必须满足规范要求。为此，工程部专门委托俄罗斯黑海船舶设计院"雪龙"号总设计师对主机轴系匹配进行计算，最后由711所和708所确认新主机与桨轴能安全匹配。

改造前期工作准备得非常充分，为后期改造打下坚实基础，参与改造的各方都非常重视改造工作。江南造船将该项目视为重点工程项目进行管理，安排经验丰富的工程师负责担任生产、设计、质量总师，主持过多项重点工程，包括潜艇、"远望"号建造工程的老法师张申宁担任总监，制定了生产设计、质量控制、施工进度、安全等全面的管理方案和风险应对措施。

2013年3月，"雪龙"号执行第二十九次南极考察期间，江南造船专门安排5名技术专家到澳大利亚上船并随船开展现场勘验，以便后续设计、施工，节约总施工时间。"雪龙"号恢复性维修改造工程部成立现场监造工作组，赵勇作为船东代表全面负责现场监造工作。

2013年4月16日开工，现场监造工作组组织船员、监理单位配合做好助修和监造工作，协调设计、船厂、船检和设备厂家，齐心协力，终于于10月12日完工，按计划保质、保量完成了改造任务。

"雪龙"号恢复性维修改造项目开工仪式

4月	5月		6月	7月	8月		9月	10月
开工	倾斜试验	第一次进坞	拆旧工程结束	大型设备进舱	第一次坞内工程结束	第二次进坞	第二次坞内工程结束	系泊试验

改造过程工程大节点一览

国家海洋局："雪龙"号完成维修改造全新归来

中央政府门户网站　2013 年 10 月 14 日 15 时 25 分

来源：国家海洋局网站

10 月 12 日，中国极地考察国内基地码头迎来了一位全新的"老朋友"——"雪龙"号极地考察船。说老，是因为在我国极地科考史上战功赫赫的"雪龙"号早已是码头的老顾客了；说新，则是因为经过 180 天的恢复性维修改造，动力设备等已全部更新，华丽变身的"雪龙"号全新归来。

上午 10 时，极地中心在码头上举行了隆重而简朴的"雪龙"号恢复性维修改造完工交接仪式。极地中心主任杨惠根和江南造船总经理林鸥代表双方签字，标志着以动力系统、甲板机械和环保系统等为主的"雪龙"号恢复性维修改造工程顺利完工。国家海洋局极地考察办公室主任曲探宙、国家海洋局办公室（财务司）副主任（副司长）赵光磊、江南造船董事长黄永锡、极地中心党委书记袁绍宏、工程项目顾问魏文良，以及船厂、设计单位、监理单位、中国船级社的相关领导出席仪式。

据介绍，今年 4 月 16 日，经过周密的前期论证、调研和设计，圆满完成第 29 次南极考察各项度夏科考任务的"雪龙"号，进入江南造船开始恢复性维修改造工作。全体工程人员坚持"恢复船舶功能、满足规范要求、提高安全性能、适当提高其适用性和先进性"的原则，发扬"爱国、求实、创新、拼搏"的南极精神，精诚合作、奋力拼搏，克服了综合技术要求高、施工周期紧、环境困难因素多，以及历史性的超长热浪天气等种种困难，严格高效地完成了旧设备拆除、新设备安装、保留设备和系统维修、系泊试验及第一阶段试航等各项既定工作。

改造后的"雪龙"号更新了主推进动力装置和辅助机械，配备了先进的船舶防污染设备，增强了穿越西风带和进行冰区作业的安全系数，全面提高了适航性、可靠性和绿色环保水平，整体性延长了使用年限，全面提升了服务我国极地考察的能力。

江南造船技术人员告诉记者，虽说这是一次恢复性维修改造，但工作量非常大，仅船上的钢结构改造更换量就有 500 多吨，管路改造

旧主机吊离下船

新主机吊上船

拆掉主机、发电机等设备的机舱

更换量为 1 万多米，总体机舱工程当量相当于新造 4 艘 7.6 万吨级散货船的机舱物量。此外，这次维修改造工程还创下了相同周期内全国修船单船改造工程量第一，首次运用精度控制，确保"雪龙"号"心脏"手术一次性成功。

极地中心船舶处副处长赵勇介绍说，改造后的"雪龙"号恢复了动力系统功能，可以使用 15 ~ 20 年。在未来我国极地考察基础设施体系中，"雪龙"号仍将是主要的南极考察运输工具及极地海洋基础调查平台。

维修改造完工后的"雪龙"号于 2013 年 10 月 15—22 日在东海海域试航，2013 年 11 月 8 日执行我国第三十次南极考察任务。在南极参加了俄罗斯"绍卡斯基院士"号救援，55 名游客安全转移到澳大利亚"极光"号；首次完成环南极航行，参加搜救"马航 370"任务，为国争光，赢得了国际社会广泛赞誉。

改造后主机

改造前主机

"十五"能力改造后的"雪龙"号具备较强的海洋调查能力，但海底调查设备由于经费限制，未能列入改造内容。鉴于"十二五"期间及今后开展极地海底环境和资源调查任务的需要，加装一台深水多波束测深仪是海洋调查船海底调查的基础性要求。我国新建的海洋科学考察船，如"科学"号、"向阳红01"号和"向阳红03"号等，都安装了全海深深水多波束测深系统。

南北极权益的争夺已日益聚焦在极地海洋，海底划界、外大陆架划界、海底油气资源勘探等已日益成为各国极地考察的重点，而"雪龙"号由于缺少多波束测深系统，无法获取相关信息，已成为未来极地权益维护的严重隐患。因而从迫切性和可行性两方面考虑，"雪龙"号加装深水多波束测量系统已成为当务之急。"雪龙"号加装深水多波速，可以获取极地航行区域和重点海域的地形地貌，积累珍贵的第一手资料，填补极地海域地形地貌数据空白，具有深远的战略意义。

根据国家海洋局极地办2017年3月31日《关于开展"雪龙"号增装深水多波束论证工作的通知》，"雪龙"号需在第八次北极航次对有关航道和海域进行多波束扫海测量，同时也是为未来南北极考察提供设备支撑。为此，极地中心组织各方面力量全面策划安装深水多波束的工作，4月12日、4月13日分别组织开展了可行性论证和初步实施方案讨论，并于2017年4月26日，召集各方召开了"'雪龙'号安装多波束实施方案工作会"，确定设备购置、工程设计和施工安装方案。

2017 年 5 月 1 日，船舶与飞机管理处处长徐宁组织 708 所设计师王燕舞和江南造船陈建新、王曙光等设计施工人员放弃休息，登上"雪龙"号现场勘测拟施工现场，为施工设计打好基础。深水多波束测深系统工程委托江南造船施工加装，设计由 708 所王燕舞牵头具体负责。

极地中心成立项目工作组，组长由党委书记刘顺林担任，成员包括徐宁、何剑锋、708 所吴刚，江南造船陈建新，东海航海保障中心张良及设备厂家负责人。

安装冰区型深水多波束测深系统在国内还是首次，并且"雪龙"号船型并不是为科学考察船专门设计的，多波束测深系统在冰区航行时存在碎冰影响测量精度的风险。为此，极地中心专门委托天津大学做冰池试验，试验结果证明设计安装的多波束仅受碎冰轻微影响，满足使用多波束测深条件要求。近年来，国际上多波束测深技术已有很大提高，换能器体积已有明显减少，加装多波束测深系统对船底的开口面积和对船底结构的影响也在减少，708 所利用"雪龙 2"号船体设计经验，精心设计，进行结构加强，换能器设计成箱式结构保证换能器强度，设计图纸通过中国船级社审图中心认可，保证有足够的船体强度，不影响船舶冰区航行和破冰作业。为了保证工期和满足船体钢板强度要求，所需钢板采用宝钢和上海海事大学共同研发的低温钢板。

在极地中心精心组织、各方面通力合作下，从 2017 年 4 月初开始策划、设计、设备购置、审图，6 月开始施工安装，7 月 9 日完成安装调试，真是环环相扣，各方克服高温，争分夺秒，在 70 天内成功完成了多波束安装。

7 月 12 日，完成多波束安装的"雪龙"号立即执行中国第八次北极科学考察任务，完成了 618 公里的海底地形地貌数据采集和 12 635 平方公里的楚科奇海（Chukchee Sea）台区块的全覆盖海底地形勘测，开辟了我国北极科学考察新领域。

安装实施计划表

日期	4.24 -30	5.1 -7	5.8 -14	5.15 -21	5.22 -28	5.29 -6.4	6.5 -11	6.12 -18	6.19 -25	6.26 -7.2	7.3 -9	7.10 -16
设备供货	■	■	■	■	■							
设计	■	■	■									
审图				■	■							
施工						■	■	■	■	■	■	
调试及海试												

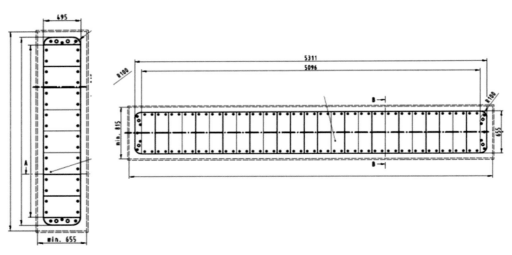

换能器（尺寸：2 601 毫米 × 655 毫米　5 311 毫米 × 615 毫米）

深水多波束嵌入安装在"雪龙"号船底

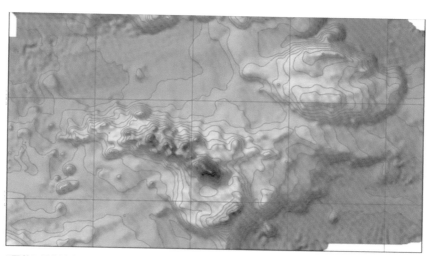

"雪龙"号多波束系统首张海底地形勘测图

第三章

走进「雪龙」号

杨文友　摄

欢迎踏上这场非凡的探索之旅，让我们一同揭开"雪龙"号那神秘且引人入胜的内部世界。

这不仅是一艘船，更是一个集科技、勇气与梦想于一体的极地科考堡垒。在这里，每一寸空间都蕴藏着故事，每一件设备都承载着使命。从精密的科研实验室到温馨的居住舱室，从繁忙的操控中心到储备丰富的物资仓库，每一处都值得我们细细品味。

准备好，让我们一起深入"雪龙"号的内部，感受她在极地冰海中的坚韧与魅力，体验那些只属于勇敢探索者的独特瞬间。

驾驶台：船舶的"大脑"，指挥中心

"雪龙"号的驾驶室位于船舶上层建筑的七楼，傲然矗立于水面之上20多米高处，宛如凌空之阁，居高临下，将四周无垠的海面尽收眼底，为指挥船舶航行提供了无与伦比的便利与视野。驾驶台设计独具匠心，采用360°全景视野与大面积玻璃窗相结合，营造出一种宽敞且明亮的空间氛围，散发着新型超现代的非凡气派。

弧形设计的驾驶台长达15米，集成安装了国际上最前沿的通信导航技术，时至今日，依然展现出它的先进性。其上精心配置了两台避碰雷达与两台电子海图，构成了航行信息的核心枢纽，它们是船舶的"千里眼"，能准确了解船舶前方和周围海面情况。主控台上，主机遥控与自动舵控制系统相互配合，宛如亲密的战友，精准操控船舶的速度与航向。左侧，全船视频监控（CCTV）系统如警惕的警卫，每个摄像头就是一个安全警卫，时刻监视着重要场所的每一处动态；右侧，机舱综合监测报警系统则严密监控动力设备的运行状态，同时监测和控制着全船油舱、水舱的液位，并适时调整各个液舱的油水数量，保持船舶平衡和安全稳

驾驶室

报务台

海图室

性。此外还有，信号灯控制系统、驾驶台玻璃雨刮器控制系统、搜索灯控制系统等一应俱全，共同构筑起驾驶台的完善功能体系。

驾驶室的后部是通信中心——通信台，这是船舶的"耳朵"。这里配

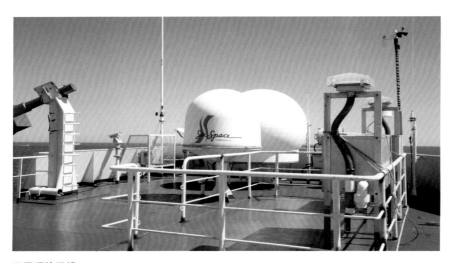

卫星通信天线

气象室

备了电磁波通信与卫星通信设备，确保无论是内部沟通还是与外部世界的联系，都能畅通无阻。

　　驾驶室无疑是全船的控制中心和智慧中枢，是船舶的"大脑"。为了确保航行安全，让值班驾驶员能够心无旁骛地专注于驾驶，驾驶台在航行时是严禁无关人员踏入的"圣地"。船长，作为航行的总指挥，运筹帷幄，而驾驶员们则忠实执行船长的每一个指令，精准操控船舶。驾驶员包括大副、二副、三副，航行时他们带领着水手轮流值班，日夜兼程，驾驭着巨轮破浪前行。

　　"雪龙"号靠泊码头之时，其驾驶台成为上船参观者必至的打卡之地。步入其间，众人皆惊叹于那宽敞而现代的布局，以及导航通信设备的复杂与先进，无不感受到破冰船指挥中心所蕴含的神秘魅力。于是，纷纷在此拍照留念，定格下这份难得的航海记忆。

参观者听讲解员介绍驾驶台功能

机舱：船舶的"心脏"，动力之源

"雪龙"号的机舱布置在船的尾部，集中安装了动力推进系统、船舶电站系统、舵机系统、锅炉供气系统等核心设施，这里主机就是全船动力的发源地，恰似船舶的心脏，为船舶的航行提供着源源不断的动力。

机舱集控室

"雪龙"号机舱内安装着一台六缸共轨电喷式低速柴油机，非常庞大，有三层楼高，重达 330 吨。"雪龙"号作为破冰船，需要功率大于常规船舶，高达 1 320 千瓦。采用最先进的共轨电喷技术，能够准确控制喷油量，喷油定时，保证燃油充分燃烧，达到节能环保的效果。主机运转时，通过精密的轴系传动，带动可调螺距的螺旋桨旋转，夜以继日地推动船舶持续航行。

此外，机舱内还配备有三台发电机，为全船提供稳定的AC380V 50Hz电源，每台发电机功率达1 140千瓦。实际上，两台发电机便能满足正常航行时的用电需求，而另一台则作为备用，可以进行检修保养，确保船舶电力的稳定供给。

机舱内还设有为主机服务的空压机、锅炉、分油机冷却系统等各种辅助设备，它们如同忠诚的卫士，共同守护着主机的运行，共同支持着"雪龙"号的动力之源。

三层楼高的主机

发电机组

机舱集中控制室，它是机舱设备的智慧中枢，全面掌控并监测着所有设备的运行状况。此地，犹如船舶心脏的中枢，指挥心脏的正常运转与机舱设备的和谐共舞。

"雪龙"号机舱布置于尾部的主甲板之下，机舱工作人员不彰不显，却汇聚了机、电两大专业的精英，共同守护着船舶的"心脏"平稳工作。

机舱最大的"官"是轮机长，是机电技术之总管，下设大管轮、二管轮、三管轮、电机员，他们则是机舱机电设备的守护者，各司其职，各显其能。和驾驶员一样，这些专业技术岗位的工作人员，技术要求高，他们主要是来自大连海事大学、上海海事大学、集美大学等航海院校的优秀毕业生。

此外，机舱人员还有机工和电工等岗位，他们负责值班巡视，日常设备操作和维护，他们同样也要经过专业的培训，持证上岗。

空压机

强大破冰性能，冰区航行保障

"雪龙"号装备了可调螺距螺旋桨，这是 20 世纪 80 年代较为先进的推动模式，可调螺距螺旋桨在主机转速恒定之下，仅需轻轻调整桨叶的角度，便能随心所欲地改变推动力大小和方向，进而实现航速的增减。更令人赞叹的是，通过改变可调桨的螺距方向，即可轻松转换推力方向，让船舶在前进与后退之间游刃有余，这无疑为冰区航行赋予了得天独厚的优势。

船体用的是耐低温高强度 E 级钢板，即便置身于 −40℃的酷寒气候之中，依然保持良好的强度，不发生丝毫变形。船舶设计独特，形如坚硬冰刀艏柱整体浇铸而成，其厚度达到 15 厘米以上。而船体的钢板厚度也非同一般，厚达 3 厘米，加之船体内部结构加强肋板密布，使得船体具有足够的抗撞击性能，保障冰区航行安全和强大的破冰性能。

"雪龙"号配备 17 900 匹马力（13 200 千瓦）的强劲主机，其功率

"雪龙"号破冰到中山站（王硕仁　供图）

艉部舵和桨 　　　　　船艏部冰刀形结构

甚至超越了一般排水量在 6 万至 7 万吨之间的货船。它能够以 0.5 节的航速连续破开 1.1 米（含 0.2 米雪）的坚冰，勇往直前。

当遭遇更厚的冰层时，"雪龙"号会采取来回冲撞的策略，犹如一位顽强不屈的勇士，一次次向冰层发起挑战，直至船头骑上冰面。随后，船只通过倒车拉开距离，再次前冲破冰，如此反复，慢慢前行。有时，冰层实在太过厚硬，船体骑在冰面上，难以退下来。这时，船员会调整水舱，减轻船头的重量，或者静待潮水上涨，让船舶缓缓滑下冰面。

冲撞式破厚冰虽然效率不高，每个行程能破开 50 米以上的冰层，就已经算是一次巨大的成功。破冰时，最令人振奋的莫过于那"哗啦"一声，海冰撕裂开长长的裂缝，仿佛是大自然为"雪龙"号奏响的凯歌。随后，它便可以沿着这条裂缝，轻松地破冰前行。

然而，有时即便"雪龙"号竭尽全力，也无法破开前方的冰层。这时，我们只能静待大自然的力量，期盼大潮汛的到来，将冰面拱起、撕裂，为"雪龙"号开辟出一条新的航道。

大容量装载能力，保证两站南极物资补给

"雪龙"号最初配备有 4 个货舱，其中 1 号货舱甲板以上区域被改造为实验室与生活住舱，底部上层舱则摇身一变，成为实验室与多功能厅的所在地，而底舱则改为了油水舱。2 号与 3 号货舱分为上下两层，如今成为主要的货物存储空间，其原始设计可容纳高达 4 320 吨的货物，舱盖上可装载 96 个 20 英尺的集装箱，货舱内部则能容纳 233 个标准货柜。船艉部分设有滚装舱与滚装门，这一设计使车辆能够直接从货舱进出码头，尽管目前此功能已被暂时封闭，但在需要之时，可以迅速恢复使用。

在执行南极考察的任务时，"雪龙"号经常需要装载各种南极雪地车、重型工程车辆、小艇、非机动驳船及橡胶冲锋艇等大件装备。除

"雪龙"号冰上卸货

此之外，货舱还装载着
2 000 多吨建材、设备等
物资，舱盖上更是装满
了集装箱与航空煤油罐。
油舱内则装载着 3 000 多
吨船用和可供两个考察
站使用的燃油。

　　货舱配备有两台双
吊，每台吊车 25 吨，两
台吊车协同作业时，能
够吊起 50 吨之重的货物，
在南极装卸作业时可以
大显身手。每次南极考
察，考察队对装卸作业
尤为重视，全力以赴组
织队员们开展卸货作业。
南极气象瞬息万变，一
旦遇到好天气，便立即
安排 24 小时不间断地倒
班装卸作业，争分夺秒
地将宝贵物资运抵考察
站，为科考任务提供坚
实保障。

装满货物的"雪龙"号（刘诗平　摄）

多功能立体监测科考实验平台

"雪龙"号肩负着我国南北极考察队员与考察物资的运送使命，同时也是南大洋与北冰洋广阔海域探索的移动科研堡垒。船上专门设立实验室部门，全面统筹"雪龙"号科考实验平台的管理与运作。"一切为了科考，一切服务于科考"是"雪龙"号的服务宗旨。

"雪龙"号科学实验平台配置涵盖各专业的先进调查装备。

（1）表层走航供水系统与基础环境参数观测设备，为科考提供基础数据支持。

（2）水下探测装备系统装备有万米测深仪、声学多普勒海流仪、鱼探仪、加强型深水多波束等尖端设备，探测万米深海，揭秘鱼群分布、洋流特征、海底地形。

（3）自动气象站与大气采样系统，精准捕捉气象变化，探寻大气特性。

（4）甲板调查装备一应俱全，包括科考专用的8 000 米 CTD 绞车、10 000 米地质绞车及各类生物拖网绞车，配套 A 架系统与伸缩吊车，为科考作业提供坚实保障。

CTD 入水

多管取样器作业（林荣澄　摄）

微塑料拖网作业

（5）实验室面积达570平方米，设有物理、化学、通用、生物、地质、大气、气象等多个专业实验室，为科研人员提供全方位分析、实验保障。

海洋生物实验室

海洋化学实验室

地理实验室

大气实验室

物理实验室

"雪龙"号科考实验平台具备测天采集气象要素和大气各种数据，测海采集温、盐、深物理化学数据和生物资源，测地能够采集地形地貌数据等的能力。

大气采样

CTD 水样采集

沉积物捕获器作业

"雪龙"号科考平台支撑了我国27个航次的南大洋与9次北冰洋科学考察活动，有力推动了"国际极地年中国行动""南北极环境综合调查""南大洋综合调查"等国家极地重大专项任务的顺利执行，并为"发展北极长期环境研究的建模和观测能力"（DAMOCLES），以及"北冰洋洋中脊联合探测计划"（JASMInE）等国际合作项目的现场实施提供了坚实保障。

依托"雪龙"号科考平台，科研人员发表了559篇研究论文，其中SCI研究论文高达397篇（含2篇在国际顶级期刊 *Science* 上发表），这一成就极大地提升了我国在极地海洋研究领域的能力和水平，同时也增进了国际社会对极地海洋的科学认知。

"雪龙"号穿越北极东北航道、中央航道和试航西北航道，获取第一手环境数据资料，推进了我国对北极航道的商业利用，极大增强了我国的极地影响力；通过广泛宣传和开放日等活动，宣传极地科学知识，提升广大民众的科学素养，增进广大民众对极地的了解。

雪龙生活：小空间，大世界

"雪龙"号艏部布局考察队员生活空间，功能齐全，住舱温馨舒适，会议室简约庄重、餐厅菜肴美味、图书馆藏书丰富、医院设备齐全、邮局小巧特别，队员可以在洗衣房自助洗衣、理发室打造时尚、健身房挥洒汗水、桑拿浴室放松身心、奥罗拉酒吧品味醇香、乒乓球场和篮球场强力健体。这里虽空间有限，却五脏俱全，完全能够满足120人半年的生活与工作需求。

"雪龙"号，一艘额定载员120人的极地科考巨轮，舱内布局匠心独运，设有单人间10间、双人间51间、套房8间，每一间皆配备独立卫生间，生活便捷。然而，鉴于每次考察任务的独特性与不确定性，时有超员之况，这时便需申请单一航次增加配员。此时，单人间化身为双人间，双人间则变为三人间，虽为短期之变，却也是极地考察中的一段别样经历。鉴于极地考察的特殊性，大多数队员对此皆能理解。

每次考察，皆汇聚四五十家单位之精英，共赴这小小世界之约。在此，来自全国各地的队员齐聚一堂，涵盖各行各业，南腔北调交织，身份多样纷呈。有来自南方的温婉之士，亦有北方的豪迈之徒；有学富五车的教授，有求知若渴的学生；有探索未知的科学家，有匠心独运的工程师；有翱翔天际的飞行员，有妙手回春的医生；有笔耕不辍的新闻记者，有勤勉尽职的政府职员。男士女士，同舟共济，皆怀揣一个共同的目标——完成极地考察之神圣使命。在这小空间大世界里，大家和谐共处，共同创造着美好的生活经历。

考察队是一个非常完整的组织，实行临时党委领导下的领队负责制，一般设领队、首席科学家，下设大洋队、综合队、考察站队、船队、内陆队等。开航之际，考察队随即宣布组织机构组成和人员任命，开展出

单人间

双人间

科考会议室

船员会议室

厨房

接待餐厅

第一餐厅

第二餐厅

邮局

图书馆

游泳池

乒乓球场地

海动员和安全教育，正式拉开航次考察的序幕。船上每日召开队务会议，协调考察任务的实施，对各项考察任务实施方案进行细化与安全风险评估，保障卸货、大洋调查、岸基调查等各项考察任务的安全顺利展开。

为了丰富队员的文化生活，考察队精心策划了一系列文化娱乐活动，如过赤道庆典、猜冰山趣味竞赛，以及元旦、春节、元宵等节日庆祝活动。还会组织乒乓球、篮球、棋牌类比赛，让队员们在竞技中增进友谊。此外，南极大学的讲课活动也为队员们提供了学习的平台，而报纸《极地之声》的出版，则记录了极地生活的点点滴滴。各种活动安排紧凑而有序，"雪龙"号尽管空间有限，但其社会功能齐全，虽然小小空间，却蕴藏着大大世界。

南极大学（房吉闯 摄）

赤道拔河

冰上足球（袁东方　摄）　　　　　　　　　　　春节晚会（黄嵘　摄）

赤道合影（房吉闯　摄）

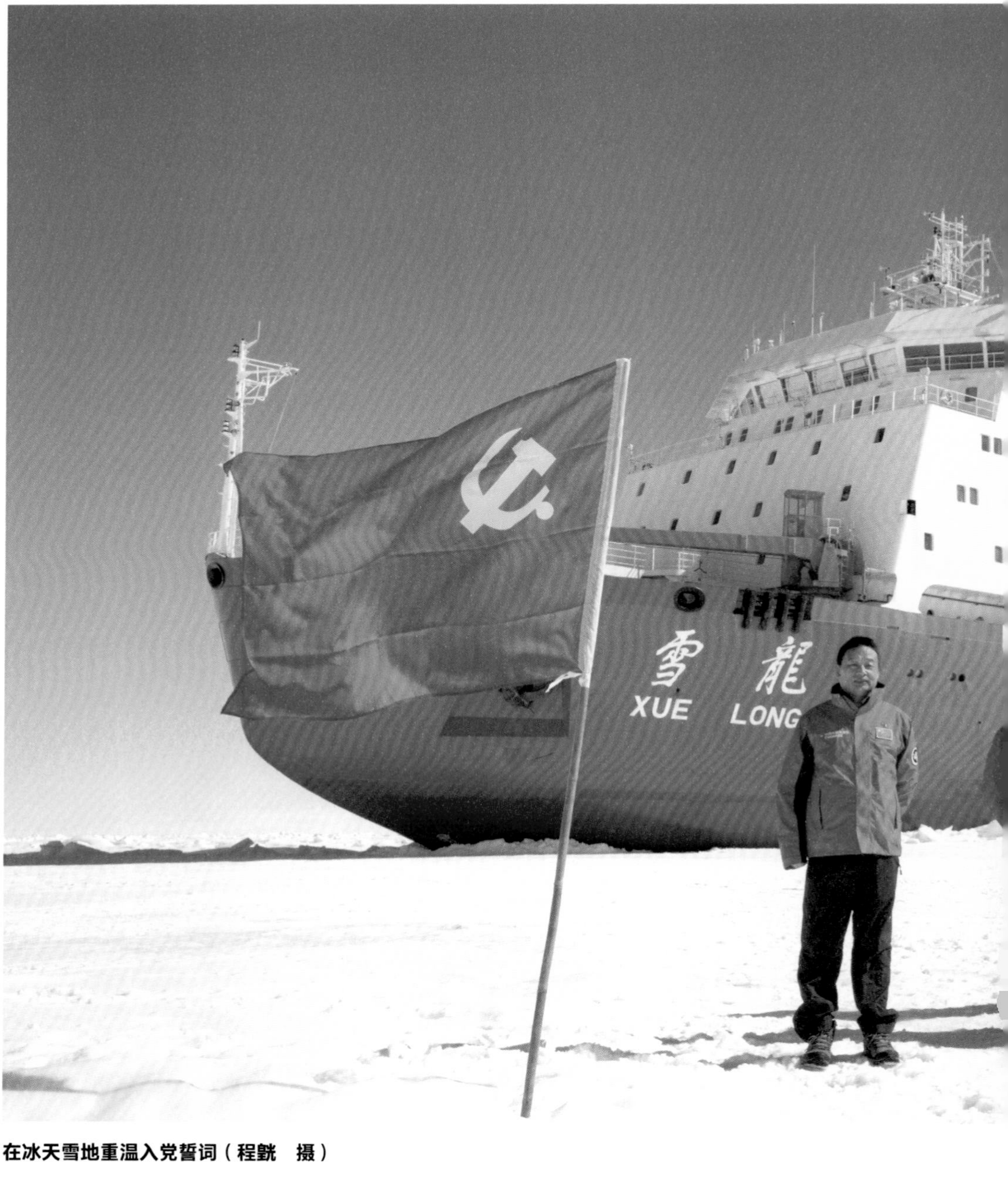

在冰天雪地重温入党誓词（程皝　摄）

第四章

征战南北极的考察传奇

杨佃良　摄

"雪龙"号于1993年3月回国，其航程充满曲折与艰辛，犹如西天取经之旅，历经九九八十一难，终成正果，安全抵达上海，或许正是因其不凡的开端，才有了后续之辉煌成就。

　　自1994年起，它正式投身于南极考察事业，肩负起支撑我国极地考察的重任，三十年来未曾懈怠。依靠"雪龙"号，得以独立实施内陆考察、昆仑站建设、泰山站建设，底气十足。这三十年间，它南征北战，历经峥嵘岁月，魔鬼西风带的狂风肆虐、冰山倾覆、南极冰封……每一次都惊心动魄，却总能化险为夷，它闯过重重难关，迎来一次次胜利。至今，"雪龙"号已完成了26次南极考察和9次北极科学考察任务，见证并支撑着我国极地考察事业由小变大、由弱变强的蓬勃发展，展现了"雪龙"人不畏艰难、勇往直前的大无畏精神，展现了中国人敢于挑战、勇攀高峰的科学精神。

　　在1984年首次南极考察时，我国就提出了"爱国、求实、创新、拼搏"的南极精神，它犹如灯塔一般，始终照亮着极地考察队员前行的道路，激励他们克服艰难险阻，勇往直前。"雪龙"号在第十三次南极考察中，又提出了"爱国、爱船、团结、奉献"的雪龙精神，这不仅是"雪龙"人家国情怀的深刻体现，更是激励"雪龙"号破冰斩浪、不断创造辉煌的强大动力。多年来，"雪龙"号屡获殊荣，曾荣获"中央国家机关五一劳动奖状""全国青年文明号""中央国家机关先进基层党组织"及中央和国家机关工委"四强"党支部等荣誉。袁绍宏船长和赵炎平船长分别被选为党的十六大和二十大代表，这不仅是对他们个人突出表现的表彰，更是对"雪龙"号集体荣誉的肯定。2014年11月18日，国家主席习近平在澳大利亚霍巴特港登上"雪龙"号慰问第三十一次南极考察队，极大地鼓舞了考察队员，体现了党和国家对极地考察事业的关怀和支持。

这些荣誉的获得，凝聚着一批又一批雪龙人的顽强拼搏、团结奋斗和默默奉献。

在南征北战的岁月里，无数英雄人物涌现，无数感人故事上演。南极考察，度夏一去便是半年，越冬更是一次超过一年。"雪龙"号的船员有的参加南极考察多达20多次，连续八九年执行南极考察任务无法在家过年者比比皆是；有的船员刚结婚，来不及度蜜月便匆匆踏上征程；有的船员孩子出生时，未能陪伴在妻子身边，错失见证孩子成长的重要时刻，对妻儿的亏欠难以言表；有的船员亲人生病时无法照料，甚至父母离世时仍在南极考察路上。然而，正是这些最可爱的人，以他们的坚持、坚守和无私奉献，一次又一次保障了极地考察的顺利开展。

"雪龙"号首航南极：实现自主破冰航行

"雪龙"号首航南极是执行中国第十一次南极考察任务。国家海洋局非常重视，专门安排了曾经担任我国首次南极考察队领队的陈德鸿，再次担任中国第十一次南极考察队的领队，派具有南极航行经验、时任北海分局副局长的魏文良作为顾问，以老带新保证考察安全。当时，国家海洋局东海分局负责"雪龙"号运行管理，为其配备了最优秀的船员，包括经验丰富的船长沈阿坤（原"向阳红10"号船长）、政委赵长海（原机关副处长），轮机长赵国明、大副袁绍宏、一级电机员徐宁，以及沈权、龚洪清、赵勇、陈海平、汪卫忠、王毅明等高级船员都是航海院校毕业的大学生，年龄30岁出头，可谓是一批精兵强将。在当时来说，"雪龙"号自动化程度非常高，通信导航设备完备，还设有直升机保障系统、滚装门系统，是一艘多用途船舶，这样的船舶对船员的技术要求很高。为了保证完成南极考察任务，大家认真研读各设备的英文技术说明书和图纸资料，为了熟悉设备、管路、各种传感器，各设备负责人全船上上下下、里里外外摸爬，查遍了大大小小的油舱、水舱，摸遍了所有管道、探头，慢慢熟悉设备系统，掌握了设备的运行与操作。

"雪龙"号执行首次南极考察任务时，从"极地"号拆装了部分科考设备仪器、小艇和驳子。经过一年时间，"雪龙"号完成了人员和设备的准备，整装一新的"雪龙"号满载着祖国人民的厚望，于1994年10月28日从上海民生路码头启程，首航中山站。出发！

当年12月6日，"雪龙"号进入南大洋海冰区，开始沿最佳航线破冰前进。此时虽然已近南极盛夏，可是普里兹湾的固定冰不少地方仍厚达1.5米，上面还积有1米厚的雪。万吨巨轮尽管开足马力前进，可船头一碰软若棉花的积雪，冲撞力顿时被化解分散了。有时奋战一天，船只能挺进700～800米。面对如此艰难的局面，船上指挥人员决定等待18日的大潮汛对海冰形成影响后再破冰，并用直升机（从澳大利亚南极考察站租借）将部分物资与科考队员运到11海里外的中山站，先期开展科考活动。

大潮汛到来之后，坚冰依然没有一点儿松动。"雪龙"号再次向自己的破冰极限挑战，用蚂蚁啃骨头的办法，向冰层展开反复冲击。与此同时，派出人员下船探测最佳行进路线。12月21日，"雪龙"号终于进入连续破冰状态。以后几天，"雪龙"号高昂的船首如同巨大的钢犁，不断掀开冰层，持续向中山站挺进。12月25日，在距站区2公里外的两座冰山中间停船卸油。此时，全船时刻处于机动状态，以防冰崩影响船舶安全。经过全船人员几天不分昼夜的连续奋战，终于将330吨油料输往中山站。

1995年1月20日，"雪龙"号完成了中山站油料和其他物资补给等任务、首次实现了我国船舶自主破冰航行的历史性跨越，以前"向阳红

"雪龙"号首次破冰到达中山站留影

10"号是没有抗冰能力的,"极地"号也只能抗冰。这次考察创造了我国航海史上破一米以上厚冰航行的记录,掌握了破冰船破冰的方法,积累了破冰经验,可以更好地保障今后的南极考察工作。队员们无不心潮澎湃,自豪之情溢于言表,我国终于有自己的破冰船了。

"雪龙"号,自普里兹湾启航,满载着征战南极的荣耀,破浪而归。3月6日,这位勇士返抵上海,"雪龙"号首次南极考察圆满成功,一战成名,为祖国增添了无尽的荣耀与梦想。

"雪龙"号1995年3月6日返航民生码头

摸索航路，寻找锚地，共享南极安全航行

　　1997 年，中国第十四次南极考察队组织了对中山站海域海底地形的测量工作，"雪龙"号施放中山艇在普里兹湾中山站海域测量水深。通过测量发现，在馒头山以东偏北海域有一片适合大船抛锚的水深区域，该区域水深在 100 米以内，面积大约 1.3 平方公里，这一发现终结了中国在中山站考察 10 年没有自己锚地的历史，极大地便利了"雪龙"号在中山站的安全停泊，显著提升了卸货效率。

中山站极光

长城站测区为鼓浪屿与双烽岛之间的海域，外业工作从 1997 年 12 月 22 日开始，于 28 日结束，完成测线近 200 公里，获取点位近 6 000 点，取得珍贵的第一手资料。另外，对纳尔逊岛的麦克斯威尔湾现用锚地进行抽查测量及补缺测量。通过测量发现了智利海图上不符水深许多处，为选定锚地提供了科学依据。

　　2015 年 1 月 5 日，中国第三十一次南极考察队的水下地形测绘小组，历经四天三夜的艰苦努力，在罗斯海区域又发现了一处适宜"雪龙"号抛锚的新锚地。此锚地距离恩克斯堡岛最近处不足 1 000 米，为我国秦

"雪龙"号在"馒头山"锚地装卸货

长城站海域锚地（程皽　摄）

冰与海的征程
——"雪龙"号极地考察三十年

岭站建设物资卸运作业提供了极大的便利。同时,考察队还制作了覆盖难言岛附近 12 平方公里区域的 1∶5 000 大比例尺海图。

"雪龙"号的航迹已遍布五大洲四大洋,绕行南极大洋几十圈。从南极门户城市澳大利亚的弗里曼特尔(Fremantle)港、霍巴特(Hobart)港,到智利的蓬塔–阿雷纳斯(Punta Arenas)港,阿根廷的乌斯怀亚(西班牙语:Ushuaia)港,南非的开普敦(Cape Town)港,再到新西兰的利特尔顿(Lyttelton Harbour)港,对于这些港口至南极的航路,"雪龙"号已了如指掌。同时,对于西风带的特性也有了深入了解。

基于"雪龙"号多年南极考察的航行经验,利用积累的丰富航海数据,与东海航保中心携手合作,编制出版了《南极航行指南》及重点南极海域的海图,填补了国内外在此领域的空白。这些珍贵的资料将与世界各国共享,保障船舶安全。

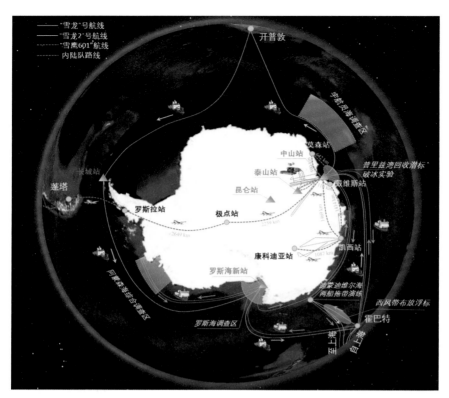

南极典型航线图（刘沼辉　绘）

智利的蓬塔–阿雷纳斯港（徐宁　摄）

冰与海的征程
　　——"雪龙"号极地考察三十年

新西兰的利特尔顿港（邢豪 摄）

澳大利亚霍巴特港（黄嵘 摄）

"雪龙"号执行中国首次北极科学考察任务 [1]

自 1999 年起，我国踏上北极科学考察的征途，迄今为止，已成功完成了 14 次壮阔的北极探险之旅，其中前 9 次考察皆由英勇的"雪龙"号完成。至 2020 年，接力棒传递给了崭新的"雪龙 2"号，它肩负起新的使命，继续在北冰洋的广袤天地中续写探索的新篇章。

中国首次北极科学考察队乘"雪龙"号科学考察船于 1999 年 7 月 1 日从上海出发，穿过日本海、宗谷海峡、鄂霍次克海、白令海，两次跨入北极圈，到达楚科奇海、加拿大海盆和多年海冰区，圆满完成了三大科学目标预定的现场科学考察计划任务，获得了大批极其珍贵的样品、数据和资料。满载着中国首次北极科学考察丰硕成果的"雪龙"船，历时 71 天，安全航行 14 180 海里，航时 1 238 小时，于 1999 年 9 月抵达上海港新华码头。

我国首次北极科学考察合影

1　本篇根据"雪龙"号活动报告整理而成。

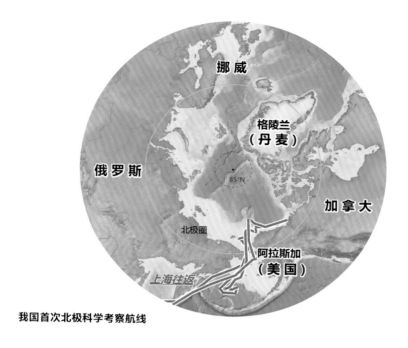

北极圈　上海往返

我国首次北极科学考察航线

　　参加我国首次北极科学考察人员从上海启航时 122 人，中途从美国诺姆（Nome）港和加拿大图克托亚图克（Tuktoyaktuk）港上船的各 1 人。本航次共 124 人，其中船员 38 人、科考人员及保障人员 66 人、记者 20 人。这些队员来自全国（包括香港 2 人、台湾 1 人）的 40 多个单位和部门，还有外国科学家 4 人（俄罗斯 1 人、日本 1 人、韩国 2 人），在中途从加拿大图克托亚图克港离船 2 人（队员 1 人、日本科学家 1 人），返航时从美国诺姆港离船 2 人（中国香港、台湾科学家各 1 人）。船抵达上海港时为 120 人。

　　7 月 1 日，"雪龙"号启航后，按计划穿越北极圈，到达楚科奇海，从 7 月 14 日至 18 日在海冰边缘区完成了 14 个站位的海洋综合调查作业，取得了一批具有重要科研价值的样品、资料和数据。

根据考察计划的安排，"雪龙"号返回白令海，从 7 月 19 日至 31 日，共用 12 天时间，航程 1 720 海里，完成了白令海 6 条断面 42 个深水站位的物理海洋、化学、生物、海洋地质的取样和渔业资源拖网调查等项目作业，为研究该海域特征获取了第一批重要科学资料。

　　在完成白令海调查作业后，"雪龙"号于 8 月 1 日第二次进入北冰洋，完成了楚科奇海增设的 39 个海洋断面调查站位，其中施放小艇测

我国首次北极科学考察装备——直升机运送队员到达北纬 77°以北永冻冰区（摘自《雪龙报》）

参加我国首次北极科学考察的队员合影

站 3 个、飞机测站 2 个，大大增加了楚科奇海的考察成果。先后 3 次施放小艇进行每次 8 小时以上的作业，保证了冰边缘多学科综合观测。为配合浮冰边缘海 / 冰 / 气耦合观测实验和绝对重力测量，"雪龙"号共动用小艇 16 次，为临时冰站运送考察人员和设备，保障临时冰站工作的正常开展和安全。

我国首次北极科学考察风光——消融的北冰洋海冰

北极熊（王超　摄）

我国首次北极科学考察拍摄的动物——北极海象

　　"雪龙"号先后锚泊美国诺姆港和加拿大图克托亚图克港海域接送中国台湾和香港、日本科学家到船和离船。特别是在图克托亚图克港，根据中国首次北极科学考察计划，中国首次北极科学考察队与全球华人世纪行北极探险队会合，在船上举行联谊会。

　　8月13日，到达加拿大图克托亚图克港锚地，海关人员上船办理进关手续。但由于天气原因直升机不能起飞，船上决定先用小艇去港口接应。

　　8月14日6:00，全球华人世纪行北极探险队一行24人（代表）乘"雪龙"号船载直升机登上"雪龙"号，与中国首次北极科学考察队会合。全球华人世纪行北极探险队队员先在餐厅早餐，中国的水饺使他们食欲大开。8:00，中国首次北极科学考察队与全球华人世纪行探险队在新区餐厅进行学术交流。

9:30，转移到 2 号舱盖甲板举行中国首次北极科学考察队与全球华人世纪行北极探险队会合联谊会。联谊会由考察队副领队（极地中心党委书记）颜其德主持，考察队领队兼首席科学家陈立奇、船长袁绍宏和全球华人世纪行北极探险队队长糜一平分别在联谊会上讲话，并互赠纪念品。

　　会后，展示了侨务办公室为澳门回归预制的长龙旗，全体考察队员和船员在长龙旗上签名。11:00，陈立奇举行冷餐招待会，副领队和首席科学家助理一起陪同全球华人世纪行探险队共进午餐。14:30，全部全球华人世纪行北极探险队队员乘直升机离船。

我国首次北极科学考察队与全球华人世纪行北极探险队在"雪龙"号 2 号舱盖甲板举行联谊会

首席科学家陈立奇在交流会上讲话

船长袁绍宏在联谊会上讲话

此次活动宣传了我国极地考察的成就，加强了祖国与海外华人的联系，有着十分积极的意义和影响。

中国首次北极科学考察是"雪龙"号管理转制，由极地中心组织的首次执行重大任务。"雪龙"号3月份刚刚完成第十五次南极考察，7月就要执行北极科学考察，在一年时间里同时执行南北极考察任务也是第一次。备航时间短，人员变化大，思想不够稳定，极地中心对于船舶管理来说是新手，如何组织好备航就是一次挑战。

"雪龙"号船员发扬爱国、爱船、团结、奉献的雪龙精神，克服执行第十五次南极考察任务的疲劳，放弃休息，加班加点，连续作战。从航行计划到设备维修，从食品补给到各类物资的准备，从人员调整到岗位职责的落实等都做周密计划，精心准备。在出航前夕，国家海洋局张登义局长和陈炳鑫、陈连增副局长上船看望船员，极地办、极地中心领导现场办公，帮助解决具体问题，为本航次的顺利启航提供了有力保证。上下同心协力，克服各种困难，完成各项备航工作，保障了我国首次北极科学考察队按时启航。

出海后，为把安全工作落到实处，从加强岗位责任制入手，船组认真按"雪龙"号执行五次南极考察任务中总结出来的好做法，坚持"谁主管，谁负责，谁当班，谁负责"的原则，"勤看、勤摸、勤闻、勤查、勤记"的五勤工作法，做到"岗位不离人，换岗不脱岗，就餐有人替"，确保了整个航次各个部位设备的正常运转。

由于全体船员增强了安全意识，措施落实到位，船长正确指挥，"雪龙"号无论在海区调查还是在冰区航行；无论是用小艇接送人员还是在外港锚泊都保证了安全。"雪龙"号首次在北极冰区航行2 000多海里，到达北纬75°30′，为今后在北极进行科学考察积累了宝贵的经验。

首次北极科学考察，"雪龙"号连续航行时间长，机动时间也多，船上各部门在合理安排人员值班的同时，及时对主要机械设备进行了维修保养，整个航次共完成检修和维护项目340项，保证了船舶设备的安全运行。

　　考察队队员来自国内外四十多个单位，每人有不同的专业和任务，团结协作、相互配合是完成任务的重要条件，特别是需要船员支持。"雪龙"号首次提出"一切为了科考服务"的思想，想科考所想，急科考所急。科考队员遇到困难需要帮助或配合时，做到随叫随到，积极想办法帮助解决。如根据科考的需要，船长及时调整航线，两进两出北极圈，保障科考计划调整；甲板部克服人手少的困难，派出水手协助大洋队开绞车；及时安排修理调查设备，地质绞车滚轮进行堆焊光车，恢复了计数功能，并帮助理顺钢缆等，保证了调查设备的运行；共出动小艇25个艇次，保证了冰站科考人员和物资上站及时开展工作。配合机组按要求及时做好清场、消防、通信等工作；特别是200桶航空煤油的安全存放，全面加强了防护措施，确保了整个航次的安全。为使记者能及时把北极科学考察的消息报道出去，通信人员做到随到随发，整个航次共收发电报、稿件670余份，保障了本航次的新闻宣传工作。另外，为保证队员在冰站作业期间防止北极熊的袭击，船上及时提出了相应的防范措施。本航次"雪龙"号未停靠外港补给，长期单调枯燥的海上生活、时差的变化和极地气候对人身的影响、繁重的任务使大家十分疲劳。因此，为保证全体人员的身心健康，良好的后勤伙食供应和活跃的文化生活就显得十分重要。

　　为了加强伙食管理，船上成立了由船、队代表参加的伙食管理委员会，并分工一名船领导主管，实行民主管理，经济公开。炊事人员和服务人员在总结以往经验的基础上，想办法动脑筋，克服各种困难，从食品的选购到妥善保管，从改进烹调到调配花式品种都精心安排，既照顾南北人员口味需要，又精打细算不浪费。在科考期间，坚持随时有热菜、热饭供应。炊事人员不怕增加工作量，整个航次自做豆腐 2800 斤、发豆芽 1000 斤，较好地解决了蔬菜不足的问题。坚持 10 天一次的会餐和每晚的夜餐变换花样，保证全体人员吃好、吃饱。

船上定期开放卡拉 OK、图书馆、游泳池等，组织大家参加迎冬晚会、升国旗仪式、归航联欢会、球类比赛等活动。在愉快的笑声中消除疲劳，在比赛中增进友谊，还为在船上过生日的 25 名中外队员送生日贺卡，服务员邵云子为队员义务理发 200 多人次。

船上创办的《雪龙报》及时地传达上级的指示、反映工作动态、表扬好人好事、介绍科普知识、抒发个人情怀，起到了积极的宣传作用。

"雪龙"号一切为科考服务，全方位保障了整个考察任务，受到了考察队领导和科学家们的一致好评。

这次考察获得了一大批珍贵的样品、数据资料等，其中包括北冰洋 3000 米深海底的沉积物和 3100 米高空大气探测资源数据及样品、最大水深达 3950 米的水文综合数据：5.19 米长的沉积物岩芯及大量的冰芯、表层雪样、浮游生物、海水样品等。根据初步分析，参加这次北极科学考察的科学家已经获取了一些初步成果和新发现，如大气科学发现了北极地区上空蒙盖着一层厚厚的"棉被"——逆温层，它远比原来想象中的要厚，同时发现了该逆温层的屏障作用。我国科学家通过此次考察，首次确认了"气候北极"的地理范围，为全面了解北极做出了中国人的贡献；科学家们还发现北极地区的对流层偏高，这对研究我国季节变化和气候状态有着重要意义。

中国首次北极科学考察的圆满成功和所取得的多项创新与突破，为 21 世纪我国极地科学考察谱写了一曲凯歌。

"雪龙"号到达最北点，考察队飞抵极点作业

——中国第四次北极科学考察

继 1999 年、2003 年、2008 年三次北极科学考察之后，我国第四次北极科学考察队（本篇后文简称北极考察队）暨"雪龙"号科学考察船，应厦门市人民政府邀请，于 2010 年 6 月 25 日从上海出发，6 月 27 日抵达厦门，开展极地科普宣传活动。7 月 1 日，北极考察队从厦门启程，前往北冰洋区域执行科学考察任务。国家海洋局和厦门市人民政府共同举行北极考察队暨"雪龙"号科学考察船欢送仪式。

北极地区同全球气候与环境变化密切相关，监测表明，北极地区气候与环境正在发生快速变化，北冰洋区域夏季海冰面积逐渐减小，由此引发的气候与生态环境的变化，已引起世界范围内科学界的普遍关注，该地区已经成为研究全球气候环境变化的前沿区域。

我国第四次北极科学考察作为第四个国际极地年中国行动计划的组成部分，围绕北极海冰快速变化机理研究、北极海洋生态系统对海冰快速变化的响应两大科学目标，在白令海、白令海峡、楚科奇海、波弗特海、加拿大海盆、门捷列夫海脊等海域，开展与海冰大范围融化相关联的大气、海冰和海洋过程观测，以及生态系统多学科综合考察。

此次北极考察队由来自国内（含台湾）20 多个单位的科研人员、后勤保障人员、媒体记者、"雪龙"号船员组成，同时邀请来自美国、法国、芬兰、爱沙尼亚、韩国的 7 名科学家参加，考察队共计 122 人。考察队的领队由极地办副主任吴军担任，首席科学家由国家海洋局第三海洋研究所所长余兴光担任，"雪龙"号船长由来自极地中心的沈权担任。北极考察队 7 月 1 日从厦门出发，9 月 20 日返回上海，历时 82 天，当时是历次北极科学考察时间最长、人数最多的一次。

中国第四次北极科学考察航线

本次考察围绕两大目标，共完成135个海洋站位的综合调查、1个"长期冰站"的海冰气综合考察和8个"短期冰站"的考察、1个北极点冰站的考察。

考察范围涵盖白令海、白令海峡、北极点等海域，南北纵贯2300海里，东西横跨1100海里，范围之广、内容之全、取得的资料和样品之多，均创造了我国历次北极科学考察的新纪录。

更重要的是，本次科学考察突破了前三次在加拿大海盆的考察范围，首次把海洋综合考察和对北极海冰的考察延伸到了北极点。

此外，回收了2008年放置在北冰洋深海的潜标，获得两年的观测数据。首次获得2.5米长的北极点冰芯，可以用来研究北极点海冰的结构、性质、微生物、海洋化学物质等。

中国处在北半球，北极的快速变化对中国的气候、生态、环境影响非常大。此次科学考察关注北极海冰的快速变化对中国环境和气象的影响，以便我国在全球气候变化之中采取更好的行动和策略。

在"雪龙"号向北挺进时，队员们发现北纬84°以北海域的海冰出现大量的冰间水道或水塘。北极海冰加速融化已是不争的事实。应该说，北冰洋的变化令人震撼，如果任由这种局面发展下去，可能产生很多的环境问题，对中国的影响将是巨大的。

这次北极科学考察围绕国际北极研究的热点科学问题，获取了多学科立体实测数据，不仅对深入了解北极变化及其对我国气候环境影响起到积极作用，也为国际北极科学研究提供了极有价值的现场资料。

8月20日，"雪龙"号抵达北纬88°22′、西经177°20′，这是中国船舶当时所到达的最高纬度。

考察队在开展第六个"短期冰站"和海洋考察站作业的同时，考察队领队吴军和首席科学家余兴光率12名考察队员分两批乘"海豚"直升机成功抵达北极点，五星红旗和考察队队旗在北极点冰面上飘扬。

考察队员在北极点冰面上进行冰浮标布放、温盐深剖面探测仪观测、海冰和海水样品采集与生态学观测，获取了0～1 000米水深的温盐资料、3根冰芯样品和一批海水样品，沿途同步进行海冰分布观测，为本次考察海冰快速变化和海洋生态系统响应综合研究采集了重要的科学数据。

中国第四次北极科学考察队到达北极点进行科学考察作业，使中国对北冰洋的考察范围延伸到地球的最北端，说明中国的北极科学考察能力在不断提升。

"雪龙"号到达最北点（北纬 88°22′、西经 177°20′）

五星红旗和考察队队旗在北极点冰面上飘扬

北极科学考察期间拍到的北极熊

冰与海的征程
——"雪龙"号极地考察三十年

成功首航东北航道，开创我国航海新篇章
——中国第五次北极科学考察

　　我国第五次北极科学考察队由国家海洋局组织，极地中心主任杨惠根担任领队，国家海洋一所所长马德毅为首席科学家，考察队员共 119 名，包括来自国内 25 家机构的 114 名队员和来自美国、法国、冰岛的 4 名科学家，以及 1 名中国台湾科学家。

　　这次考察"雪龙"号于 2012 年 6 月 27 日离开上海，7 月 2 日从青岛启航；7 月 18 日穿越白令海峡进入北冰洋，7 月 22 日—8 月 2 日穿越北极东北航道从太平洋扇区到达大西洋扇区；8 月 16—20 日访问冰岛；8 月 24 日—9 月 8 日，穿越北极高纬航线从大西洋扇区回到太平洋扇区，9 月 9 日通过白令海峡离开北冰洋，9 月 27 日返回上海。本航次"雪龙"号最高纬度到达北纬 87°39′39″，历时 93 天，航行 1 598 小时、18 635 海里，其中冰区航行 5 370 海里。

　　为了在北冰洋大西洋扇区和中心区开展科学考察和访问冰岛，"雪龙"号取道北极航道往返大西洋和太平洋，实现了我国船舶首次跨北冰洋航行。

　　7 月 22 日—8 月 2 日，"雪龙"号穿越了北极东北航道，由太平洋到达大西洋。在东北航道，"雪龙"号在楚科奇海加入俄罗斯核动力破冰船 Vaygach 引航的船舶编队，先后穿越了楚科奇海的苍茫、东西伯利亚海（East Siberian Sea）的辽阔、拉普捷夫海（Laptev Sea）的神秘，7 月 30 日

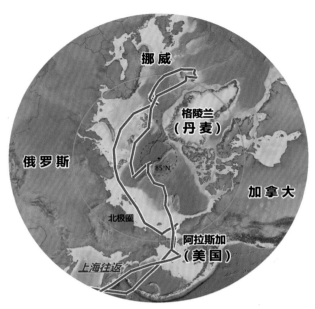

中国第五次北极科学考察航线图

考察队员在船上合影

冰与海的征程
　　——"雪龙"号极地考察三十年

通过维利基茨基海峡（Vilkitskogo Strait）后，"雪龙"号离开引航编队独立航行。随后，它独自穿越喀拉海（Karskoje More）、巴伦支海（Barents Sea），于8月2日抵达挪威海作业区，圆满完成东北航道首航壮举。其间，它两度跨越北冰洋，不仅实现了我国对北极的科学初探与冰岛的友好访问，更采集了无价的航道环境数据与航海经验，为我国北极航道的开发利用铺设了坚实的基石。

"雪龙"号纳入引航编队穿越东北航道

8月23日—9月8日，"雪龙"号穿越了北极高纬航线，由大西洋扇区回到太平洋扇区。"雪龙"号由斯瓦尔巴群岛西侧北上进入高纬航线，沿斯瓦尔巴群岛、法来士约瑟夫地群岛和北地群岛以北12海里外向东航行，8月28日至9月4日在北冰洋中心区开展科学考察，9月8日回到东北航道起点，完成北极高纬航线首次航行。

北极杂乱的碎冰

　　北极东北航道大部分时间在俄罗斯的领海航行,特别是维利基茨基海峡是俄罗斯主张的内水,通行必须接受其强制的破冰领航服务。为了确保顺利通行,"雪龙"号与俄罗斯北方海航道管理局和原子能公司定期联系,一方面确保"雪龙"号航行满足其环保等特殊要求,另一方面由于"雪龙"号具备破冰能力和冰区航行经验，积极争取在喀拉海后脱离编队，独立航行，提高航速。整个航行历时12天，航程3 260海里，比计划时间缩短了4天。

高纬航线保持在俄罗斯和挪威岛屿的12海里以外航行，"雪龙"号全程独立航行，克服了海图资料不全和缺乏实时冰情信息等困难。高纬航线航程为2 160海里，总航时14天，扣除中心区域科考时间6.5天，实际航时7.5天，比东北航道航行节约4.5天。

考虑到航程较长、后勤保障负担重，这次北极科学考察队人数并没有前几次多，但这一次科学考察却有四个首次：首次执行国家极地专项的北极航次、首次穿越俄罗斯北方海航道、首次接受邀请访问北极圈内国家——冰岛、首次同时在北冰洋的太平洋扇区和大西洋扇区开展科学考察。

中国第五次北极科学考察工作现场

"雪龙"号利用北极航道两度成功穿越北冰洋，实现了我国首次跨越北冰洋科学调查和对冰岛的访问，积累了宝贵的北极航道环境数据和航海实践经验，为我国利用北极航道进行了有益的探索。

中国第五次北极科学考察停靠冰岛首都雷克雅未克，冰岛总统登船交流

　　"雪龙"号从北极回来后，中远海运特运公司立即到极地中心调研北极东北航道的通航情况，2013年8月9日永盛轮从大连出发，成功首次尝试经由北极东北航道到达欧洲，在我国航运史上具有划时代的意义。数据显示，东北航道开通后，以冰岛首都到上海的航运为例，比起绕行苏伊士运河，穿行东北航道可以节省16天左右时间、40%以上航程和20%的燃料。目前，东北航道通航可以从每年5月到10月，已经成为常态化商业运营航线。

冰岛访问与周边海域合作考察

2012 年 8 月 16—20 日，考察队应冰岛共和国总统和政府邀请，乘"雪龙"号访问了冰岛首都雷克雅未克（Reykjavík）和冰岛第二大城市阿克雷里（Akureyri）。

访冰期间，考察队与冰岛方面开展了学术交流，联合召开了第二届中－冰北极科学研讨会和阿克雷里北极合作研讨会；与冰岛公众进行了对话交流，举办了两次"雪龙"号公众开放日活动，接待参观人数 1 800 余人；冰岛总统访问"雪龙"号，在官邸接见了全体考察队员，并接受随队记者专访，围绕北极气候变化、北极航道的开发利用及北极全球合作等重大问题进行了深入的交流。

冰岛总统称赞"雪龙"号穿越东北航道访问冰岛开启北极全球合作的破冰之旅，为中冰两国合作奠定了重要的基石。此次访问交流，展示了我国的极地研究水平，进一步推动了两国北极研究的实质性合作。

2012 年 8 月 12—21 日，在冰岛周边海域合作完成 4 个站位的沉积物采样和海洋环境定点观测，共获得 10 个沉积物柱状样（平均长度 4.9 米），为我国科学家提供了北大西洋高纬度地区多尺度高分辨率沉积记录、火山灰地层学、海冰形成和分布、生物生产力和沉积模式等领域的科学研究机会，为深入理解大洋热盐传送带首（北大西洋）尾（北太平洋）两端海洋环境变化之间的联系提供良好的研究材料，实现了我国首次在北大西洋的科考作业。

勇闯中央航道，试航西北航道，实现环北极航行
——中国第八次北极科学考察

我国第八次北极科学考察队由 96 名队员组成，于 2017 年 7 月 20 日乘"雪龙"号船自上海出发，10 月 10 日返回上海，历时 83 天，总航程逾 2 万海里，首次穿越北极中央航道和西北航道，实现了我国首次环北冰洋科学考察，开展了海洋基础环境、海冰、生物多样性、海洋脱氧酸化、人工核素和海洋塑料垃圾等要素调查，极大地拓展了我国北极海洋环境业务化调查的区域范围和内容，对我国北极业务化考察体系建设、北极环境评价和资源利用、北极前沿科学研究做出了积极贡献。

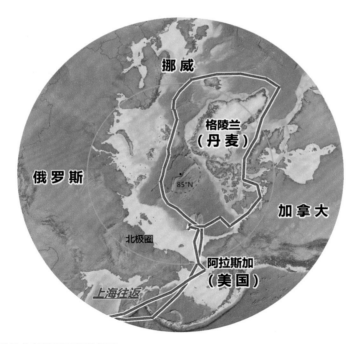

中国第八次北极科学考察航线图

2017 年 8 月 8 日，"雪龙"号在完成楚科奇海短期冰站科考任务后开启北极中央航道的穿越，往北冰洋高纬度海域破冰航行，沿途克服了高纬海域难以及时获取冰情信息、雾天能见度差、冰情变化快、遭遇冰山等诸多不利因素影响。这是一条非常规的航线，只能根据现场冰情摸索前行，由于海冰密集、厚度较大，"雪龙"号破冰航行速度较慢，历时 14 天，航程 1 700 海里，8 月 16 日终于进入挪威渔业保护区，完成北极中央航道历史性地穿越，探索了一条北冰洋高纬度东西航行航路，验证了"雪龙"号冰区航行能力，了解了北极中央航道的基本特性，为后续北冰洋调查和航行积累宝贵经验。

"雪龙"号于 8 月 30 日进入戴维斯海峡，开始试航北极西北航道。

为了西北航道航行，极地中心与加拿大方面做了大量的沟通工作，最后加拿大方面有条件地同意"雪龙"号进入西北航道航行，提出为了保证航行安全，防止污染，要求我方必须雇佣当地的引航员引航。我方同意了他们的要求，有了引航员沿途与当地海事机构沟通也更方便。加拿大方面还专门派了科考队员上船合作测量航道，共享数据，皆大欢喜。

加拿大 3 名科学考察人员和加拿大引水分别于 2017 年 8 月 28 日 8:00、8 月 29 日 11:35，从格陵兰努克港登船；在引水领航下，"雪龙"号从巴芬湾进入西北航道，航道曲折、浮冰密集、海雾弥漫，先后经过了兰开斯特海峡、皮尔海峡、维多利亚海峡和阿蒙森湾。

9 月 4 日，过毛德皇后湾，加拿大 3 名科考人员下船。

9 月 5 日 20:00，"雪龙"号进入阿蒙森湾，加拿大引水离船。

9 月 6 日，历时 8 天，航行 2 293 海里，"雪龙"号进入波弗特海，完成北极西北航道穿越。

"雪龙"号克服了航道曲折、可航通道狭窄、水深情况复杂、水文资料不全、航道内浮冰密集、能见度不良、需要夜航等航行困难。考察队

接送加拿大科考队员（沈权　供图）

根据动态冰情，多次优化航线，加强低能见度下的全力瞭望，全程手动
操作舵盘和俥钟以保证航行方向和速度，并加强了对主机、副机、舵机
等重要动力设备和辅助设备巡视检查和维护保养工作，制定各种防范措
施，确保了中央航道和西北航道的顺利穿越，积累了北极航道复杂冰区
环境下的航海技术和经验，获取了北极航道的第一手资料。

　　9 月 23 日，"雪龙"号由白令海峡离开北冰洋，完成环北冰洋航行，
考察队按计划完成所有科考任务，最后于 10 月 8 日返回上海。

　　我国第八次北极科学考察开创多个"第一次"：

　　（1）首次环北冰洋考察

　　环北极航行始自上海，穿白令海峡至楚科奇海，经中央航道抵达北
欧海，随后经拉布拉多海到巴芬湾，直达西北航道，重新返回白令海。
历时 83 天，总航程逾 2 万海里，科考队开展了以海洋基础环境、海冰、
生物多样性和海洋塑料垃圾等为重点的多学科综合调查，填补了我国在
多处海域的调查空白，为北极航道、生态和污染环境的系统分析与评价

积累了第一手珍贵资料。

本次科考接近尾声时，科考队员们兴奋地走出舱门，在甲板上站队组成了环状的环北冰洋航迹图，纪念中国人第一次完成环北冰洋考察。

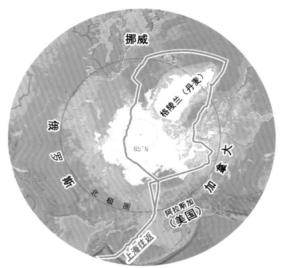

"雪龙"号首次环北冰洋航行航迹

庆祝"雪龙"号首次环北冰洋航行圆满成功

（2）首次穿越了北极中央航道

科考队第一次穿越了中央航道。从东北亚航行至欧洲，以往较优线路是走东北航道，顺着俄罗斯专属经济区前行。中央航道则直接穿过东北航道北部的280万平方公里公海区域，距离和航行时间都大幅缩短。

这项突破性创举，原本不在考察计划中。科考队原计划走东北航道至北欧海，在航程中综合考虑实际冰情和考察效率，决定启用《第八次北极科学考察实施方案》中的中央航道备选航线来穿越北冰洋。

这是一次勇敢的尝试，因为中央航道要经过几个海冰密集区。2017年8月7日，在完成第五个冰站作业后，考察队实际上已穿越了第一个海冰密集区。考察队当时考虑能不能尝试走中央航道，获取更多新的科考数据。尽管做了精心筹备，科考队员们心理压力依然很大。

中央航道严重冰情，比对用的圆球直径为80厘米

"第二个海冰密集区纬度高、冰层厚，是最难啃的硬骨头。"据队员回忆，有的海冰甚至厚达4米。高纬度网络不畅，无法及时收到冰情预报。夏季海雾弥漫，很容易失去方向，一旦道路不通，需要马上寻找另外一条新路。"考察队对预设航线的冰情进行细致分析，有把握穿越中央航道。"凭借扎实专业的操作，科考队又顺利通过了第二、第三个海冰密集区。

考察队研究中央航道

　　穿越成功时，全船人员非常兴奋。因为此举不仅证明"雪龙"号可以穿越中央航道，也为后续科考积累了丰富经验，同时"抄近路"省出来的时间，也让科考队在北欧海区开展了更充分的考察作业。

　　（3）首次试航西北航道

　　科考队完成了第一次试航西北航道。这条路线是连接大西洋和太平洋的最短航道。科考队有效应对了航路曲折和冰区夜航等种种挑战，为后续研究打下坚实基础。

　　（4）首次在北极开展的系统性业务化调查

　　我国第八次北极科学考察，是首次在北极开展的系统性业务化调查。什么是业务化？就是要定时间、定地点、定参数、定指标，对区域进行常年、连续的观测，完整了解观测区域各指标的年际变化情况。

　　"科考队员可以换，但观测指标不能断。气候环境并不是去一两次、观测三五年就能掌握其内在变化规律，往往需要长期且持续的观测。"我国前七次北极科学考察主要围绕重点科学问题展开，从第八次北极科学考察开始，进一步强调把服务国家需求和科学探索结合起来，建立长期持续的考察机制，来探寻关系国家战略和人类生存命题的答案。

从第八次北极科学考察开始，启动新的北极观测监测研究模式，进行相关基础设施建设，从初期的零散认知性研究阶段向大范围系统性立体化的观测监测研究转变。随着国家北极观测网的建成，我们对北极的认识将会产生飞跃，国家重大战略需求将有更多的科技支撑。

夜航西北航道（刘健　摄）

保障两站扩建改造，支撑三站新建

  1994 年，"雪龙"号加入极地考察成为国内唯一一艘专门从事极地科考的破冰船，肩负南极考察后勤保障支持重任，同时又是南大洋和北冰洋调查的移动平台，是南北极考察的总指挥部，特别是在南极考察活动中发挥非常重要的作用，为中山站、长城站运行保障和建设改造，昆仑站、泰山站、秦岭站工程建设运送大量的物资和大批建设人员，为南极考察的茁壮发展，做出了巨大贡献，我国的极地考察正因为有了"雪龙"号，在开展重大的南极考察活动时才有了保障，特别是考察站建设

改造扩建后的长城站（于津洲　供图）

和内陆队的考察离不开它的支撑保障。

长城站位于西南极乔治王岛，1985 年 2 月 20 日建成，各种建筑共
12 座，建筑面积为 4 082 平方米，每年可接纳 25 人越冬、40 人度夏。
长城站建有"亚南极生态环境实验室"，主要的科学观测研究方向为极
地低温生物、生态环境、气象、海洋、地质、测绘等。

中山站位于东南极拉斯曼丘陵，1989 年 2 月 26 日建成，有各类建
筑共 18 座，建筑面积为 8 000 平方米。中山站建有"空间环境监测和雪
冰与全球变化监测实验室"，主要的科学观测研究方向为高空大气（极
光、电离层）、大气（臭氧洞）、海洋、冰川、生物生态、地质（陨石）、

改造扩建后的中山站（郭井学　供图）

地理等。

　　从科学考察角度看，南极有四个最有地理价值的点，即极点、冰点（即南极气温最低点）、磁点和高点。此前，美国在极点建立了阿蒙森斯科特站，俄罗斯人的东方站位于冰点之上，磁点则是法国与意大利联合建造的迪蒙迪维尔站，位于格罗夫山区的冰盖高点冰穹A成为各国争夺的最后一个战略位置。

内陆考察车队

　　2005年1月18日，中国第二十一次南极考察队从陆路实现了人类首次登顶南极冰盖最高点——冰穹A。同年11月，我国又首次对中山站与冰穹A之间的格罗夫山地区进行为期130天的科学考察活动。由于率先完成冰穹A和格罗夫山区的考察，我国最终赢得了国际南极事务委员会的同意，在冰穹A建立考察站。

　　2009年1月27日，中国第三个南极科学考察站昆仑站在冰穹A胜利建成。

国旗在南极冰盖最高点冉冉升起

建成的昆仑站

  2012年12月23日，我国第二十九次南极考察昆仑站队到距中山站约520公里处，开始进行新建站选址调研工作。经过两天紧张勘察和工作，在现场获取了大量环境参数指标和有关数据，并结合历次内陆冰盖考察积累的较为丰富的观测资料，选定了新建站址位置。两年后，即2014年建立了泰山站。

  我国第三十次南极考察队28名科考勇士进行了45天的极限施工，经受了 −40℃低温、极端干燥、狂风暴雪、高原反应、光线伤害等诸多挑战。从冰雪地基、钢结构施工，再到建筑外围护系统安装、内部装修，2014年2月8日，形似一个大红灯笼的泰山站终于屹立在南极冰盖之上。

  新建的泰山站位于我国中山站与昆仑站之间的伊丽莎白公主地，距离中山站约520公里，海拔约2 621米，是一座南极内陆考察的度夏站，可满足20人度夏考察生活，总建筑面积1 000平方米，使用寿命15年，今后还将配有固定翼飞机冰雪跑道。泰山站不仅将成为我国昆仑站科学考察的前沿支撑，还将成为南极格罗夫山考察的重要支撑平台，进一步

建成的泰山站

拓展我国南极考察的领域和范围。

2012 年 12 月 30 日，"雪龙"号抵达罗斯海区域。选址工作组按照预定的计划开展工作，经过前期精心准备和 8 天现场的艰辛工作，克服了现场地质状况复杂、装备有限、气象环境信息不足和恶劣天气等困难，按照现场实施计划完成了新建站址三个领域 12 项具体任务的调研工作，选定了新建站址位置。由于此区域环境复杂，建设的考察站是能越冬的常年站，对地理环境要求比较高，在后续的考察中，"雪龙"号每年前往罗斯海海域送队员登岸考察，经过连续十年进行地勘、环境测量和建设准备，终于在 2024 年建成秦岭站。

2024 年 2 月 7 日，南纬 74°56′、东经 163°42′，南极大陆的新地标——中国南极秦岭站开站。秦岭站是我国第五个南极考察站，填补了我国在南极罗斯海区域的考察空白。

秦岭站以中华民族的祖脉秦岭命名。秦岭是中国南北分水岭，连接东西，和合南北，孕育万物，是绵延传承中华历史文化记忆的一个精神象征。新站主体造型设计理念源于郑和下西洋使用的南十字星导航，主体建筑面积5 120平方米，为中国现有考察站里面积最大的单体建筑，可容纳度夏考察人员80人、越冬考察人员30人。

恩克斯堡岛位于南极洲下降风最强的地区之一，已知最大风速超过每秒43米。秦岭站采用轻质高强的建筑技术与材料，可以抵抗−60℃的超低温和海岸环境的强腐蚀，设计抗风能力达到每秒65米，相当于17级以上风力。

此前，中国在南极洲已建立4座考察站，即长城站、中山站、昆仑站和泰山站。前两者分别位于西南极乔治王岛、东南极拉斯曼丘陵，后两者位于南极内陆冰盖。

秦岭站位于西南极的罗斯海恩克斯堡岛。罗斯海是南极地区岩石圈、冰冻圈、生物圈、大气圈等典型自然地理单元集中相互作用的区域，是全球气候变化的敏感区域，也是极地科学考察的理想之地。

秦岭站不仅填补我国在该区域的科学考察空白，也为各国研究地球系统中的能量与物质交换、海洋生物生态和全球气候变化等提供重要支撑。

建成的秦岭站（王海楠 摄）

救援俄罗斯极地考察船"绍卡利斯基院士"号[2]

"雪龙"号在完成泰山站建设物资与中山站科研物资的卸运任务后，于 2013 年 12 月 9 日离开中山站冰区，向罗斯海区域航行，执行我国第三十次南极考察——对维多利亚地选址地的勘测任务。

中国第三十次南极考察队返航

北京时间 2013 年 12 月 25 日 5:00 左右，南纬 66°52′、东经 144°19′的南极洲东部海域上，俄罗斯极地考察船"绍卡利斯基院士"号（Akademic Shokalskiy）发出了最高等级求救信号。此时，船只位于联邦湾海域靠近南磁极点，该区域以冰层厚、天气恶劣而著称。

2　本篇根据 2014 年《南方周末》邵世伟、宋宇航、藏瑾、张维所作《"雪龙"号回应零经验救援：破冰成功船长大哭一场》整理。

"绍卡利斯基院士"号建于1982年，起初用于海洋研究，1988年经改造后开始极地研究工作。受困时，船上载有74人，除22名船员外，船上还有一支澳大利亚科考队及一群来自多国的游客。

此次南极之行是"绍卡利斯基院士"号建造22年来的第一次。船只于2013年11月27日开始它的南极之旅，计划重走100年前澳大利亚探险家道格拉斯·莫森（Sir Douglas Mwuson）的南极探险路线。

发出求救信号之前，"绍卡利斯基院士"号已被困浮冰之中近一天一夜。它像一只跌入糨糊的蚂蚁一样，在南极的浮冰间挣扎地前行、倒车、前行、倒车，试图自行脱困，但作为一艘"冰间航行级"船只，"绍卡利斯基院士"号基本不具备破冰能力。而此时，风向已转为西南风且逐渐加强，暴风雪使得浮冰慢慢聚拢、冻结，发动机已经停止工作。

"绍卡利斯基院士"号船长伊戈尔·基谢廖夫描述当时情况时说，在发出"MAY DAY"信号时，由于受到浮冰挤压，船舶外壳吃水线附近开始出现裂缝，船上的水手们已经拿着焊枪在船舱里补漏。而澳大利亚搜救中心的卫星云图上显示，暴风雪将于12月26日再次来临。

信号首先发至英国搜救中心，随后被迅速转至最近海域的澳大利亚搜救中心。2013年12月25日5:50左右，澳大利亚搜救中心将最高等级救援信号发至南极海域仅有的具有冰上操作能力的三艘极地科考船——中国"雪龙"号、澳大利亚"南极光"号与法国"星盘"号。

"MAY DAY"信号意味着求救方船只有沉没危险，收到信号的船必须停止一切工作立即前往救援。距离最近的，就是600海里外我国"雪龙"号。

"雪龙"号收到求救信号后，考察队没有丝毫犹豫，迅速将险情上报至国家海洋局。在国家海洋局领导的指示下，"雪龙"号立即改变航向，紧急搜集遇险船舶及周边海域的冰情资料，认真做好值班值守部署，加

南极洲

俄罗斯极地科考船
"绍卡利斯基院士"号

（南纬66°52′、东经144°19′）

中国"雪龙"号

澳大利亚"南极光"号

法国"星盘"号

船只相对位置示意图

强瞭望，在保证船舶航行安全的前提下，尽可能加快冰区航行速度，火速奔赴救援海区。

收到求救信号时，载有101人的"雪龙"号正在由中山站驶向靠近南极大陆的罗斯海。这是我国第三十次南极考察，此次考察于2013年11月7日由上海开始，"雪龙"号将首次执行环南极航行任务，计划于2014年4月10日返回国内。

"必须前往，这不是考虑有没有经验的时候"——这是"雪龙"号参与的第一次极地营救，上一次中国参与的大规模南极救援行动已是2003年对韩国南极世宗基地科考队失踪人员的搜救行动。"雪龙"号是中国唯一能够在极地破冰航行的船只，破冰能力属最低级。为尽快救援俄罗斯科考船，"雪龙"号选择了一条陌生的航线，进入更加陌生的海域，展开了一次紧急救险的任务。

自"雪龙"号接到"绍卡利斯基院士"号发出的"MAY DAY"信号后，极地中心应急指挥办公室便在第一时间动员了起来。最新、最快的综合情报不断从北京发往"雪龙"号上。来自极地中心的冰情图显示，"雪龙"号前进途中的浮冰最大厚度有 3 ~ 4 米，并且在快速流动。刚刚破冰开辟出清水道，经常很快就闭合起来。"雪龙"号副领队徐挺介绍，为保障安全，船上岗位都安排了双人值班，许多人彻夜未眠。

"为保证安全与加强联系，在路上的三艘救援船以及澳大利亚搜救中心互相之间每隔 6 小时便会互相交换一次信息。"澳大利亚海洋安全局局长约翰·杨回忆。

600 海里的距离，即便全速航行也需至少两天的时间。为抄近路，"雪龙"号沿着中心最大风力达 11 级的西风带气旋边缘赶往"绍卡利斯基院士"号所在地。在驾驶员的谨慎操纵和轮机员的动力保障下，"雪龙"号于北京时间 12 月 27 日 16:00 在能见度不到 0.5 海里的海况下，第一个到达救援海区，高倍望远镜已经可以看见"绍卡利斯基院士"号了。

但救援并不顺利。"雪龙"号最初的救援方案是通过破冰靠近"绍卡利斯基院士"号，然后带着后者穿过浮冰脱险。但"绍卡利斯基院士"号被困海域靠近东南极冰盖，气候变化无常，冰层厚且易发生浮冰堆积。该海域受南极大陆冰盖的下降风影响风速极快，年平均风速 70 千米每小时，100 米每秒的地球最大风力纪录也由该海域保持，这些都使得救援行动异常困难。

12 月 28 日，暴风雪仍在持续，"雪龙"号上的"雪鹰 102"直升机无法起飞。救援行动从 28 日 9:00 开始实施。8 个小时里，"雪龙"号只能以 1.5 节航速在浮冰区破冰前行靠近遇险船只。

到 28 日 15:00，"雪龙"号前进至距"绍卡利斯基院士"号 6.5 海里处。此时根据船上海冰监测仪器显示，冰层厚度至少为 3 ～ 4 米，远远超出"雪龙"号破冰能力，使之无法再进一步。当时厚重的浮冰在快速的海流和大风的影响下不断地移动，随后又出现了降雪和白化天气，且此时遇险船舶已解除了冰山的威胁，船上人员相对安全，为避免被困，"雪龙"号调头返回清水区等待时机进行救援。

"雪龙"号进入遇险船舶周围冰区期间，又连续出现不利于营救的SE 大风和下雪天气，能见度非常差，天气条件恶劣，这不但严重阻碍了"雪龙"号对遇险船只的救援，而且有可能对"雪龙"号自身的安全造成威胁。几乎和"雪龙"号同时抵达的法国"星盘"号的一个主发动机在抵达后出现故障，宣布破冰失败，也不得不停留在浮冰边缘的清水区。一天之后，发动机损毁、物资储备不足的"星盘"号在卫星电话里告诉"绍卡利斯基院士"号和"雪龙"号，它必须放弃救援返航。"非常抱歉，希望每一个人好运。"

"绍卡利斯基院士"号的处境正在继续恶化。救援船只没有来，冰山却慢慢漂过来了，如果"雪龙"号此时也放弃对遇险船舶的救援，在受到冰山挤压造成船损时，船上的 70 多位人员将无法得到及时、有效的救助，此时受困人员的情绪也开始不安起来。

为了能保持有效、及时的应急救援，"雪龙"号坚持固守在遇险船舶6.5 海里（10 公里）的浮冰区，等待天气好转，利用船载直升机进行遇险人员的撤离和紧急情况再次发生时在最近的距离提供有益的救助。"雪龙"号的坚守，给遇险船的队员带来了极大的心理安慰，坚定了他们脱险的希望，尽最大努力保证了遇险船舶上人员的安全。

12 月 31 日，遇险船只船长发函至"雪龙"号，请求提供直升机救援。同时，澳大利亚搜救中心也建议采用直升机转移人员进行救助。此前"雪龙"号船长王建忠在乘直升机勘察情况时便发现受困船只右舷冰面十分结实，可以考虑作为直升机应急救援场所。当日，"雪龙"号全面启动救援前期准备工作。

"雪龙"号上所搭载的"雪鹰102"直升机在此次出发前一日刚刚入列。"雪鹰102"直升机为俄罗斯产Ka-32型直升机，最大载客量为14人，舱内载重最大3.7吨，具有较强的抗风能力。

但直升机救援也存在着较大风险，天气的变化无常、浮冰承载能力是否足够、旋翼吹起积雪是否会影响视线，这些都威胁着直升机的安全。此外，"雪鹰102"直升机主要作用在于吊重运输，并没有专业救援设备。

时间已不容耽搁，更大的暴风雪随时可能再次到来。为保障直升机降落场地的安全，"雪龙"号通知遇险船只在右舷处平整场地压实雪面，以便降落。

为铺设木板等待船载直升机降落（张建松　摄）

2014 年 1 月 2 日，遇险船舶海区迎来了一个难得的好天气，"雪龙"号迅速按考察队预先制定的方案，派出得力船员帮助考察队进行冰面停机坪的处理和遇险船舶人员的撤离，利用 9 个架次近 5 个小时的飞行，几乎可以与专业水平相媲美的方案与实际行动，把遇险船舶上的 52 位人员安全撤离到澳大利亚"极光"号破冰船上，成功地完成了遇险船舶人员的救援撤离任务，赢得了国际社会的广泛好评。

"雪龙"号利用好的天气条件成功撤离了遇险船舶的人员，启航离开冰区时，天气条件已经变得非常差，周围的浮冰不断向"雪龙"号周围堆积，已经聚集了很多厚达 5 米以上的大块浮冰，而且这些浮冰之间没有任何缝隙。这种堆积严重的浮冰已经超出了"雪龙"号的破冰能力。在这种情况下，"雪龙"号必须保持适当的机动能力，以避免移动的冰山挤压。但在这种复杂的高密度、高强度的浮冰区中破冰作业，必须采用科学合理和小心谨慎的破冰方法，以保护船舶的轴系和舵机，防止在破冰过程中对它们碰撞而造成的损坏。

因此，"雪龙"号的全体高级船员召开会议，要求驾驶员操纵主机时要小心谨慎，务必注意舵叶碰冰和螺旋桨夹冰现象，及时采取停车措施，确保轴系和舵机安全。同时，要求轮机部门人员加强对主动力系统、轴系、舵机及电力设备的运行安全，确保破冰过程中的动力设备正常运行。

2014 年 1 月 2 日深夜，"雪龙"号正在进行破冰拓宽航道作业，突然发现船体瞬间快速向 WN（340°）方向移动，短短 10 多分钟内，在厚达 3 米以上的十成浮冰中，快速移动了 0.68 海里，使船向左前方 0.98 海里的小冰山接近，距离仅 500 米。而由于受持续强劲东南风的影响，"雪龙"号所在的海域海冰不断聚集堆积，船已经被十成密集海冰所包围，破冰十分艰难。

为此，船长下令严密监测"雪龙"号周围冰情，做好船接近冰山碰

"雪鹰102"直升机在南极救出受困的俄客船52名旅客（张建松　摄）

撞应急部署，同时进行倒车，保证船体与小冰山之间的距离不被拉近。由于此海区环境比较复杂，"雪龙"号缺乏当地的水流、潮汐等相关基本资料，船员们对此次浮冰的快速移动感到非常担心，大家高度重视船舶安全并考虑到可能发生的危险，及时向考察队报告。

船长组织专业测绘人员对"雪龙"号周围冰山、浮冰用专业的激光测绘工具进行定位测量，要求值班船员用雷达对周围冰山进行监控，标注冰山和船舶移动的轨迹，密切关注冰山与船的运动方向和距离。

为了尽快了解浮冰快速移动的原因，船长与相关人员一起对已有的水文、气象资料进行分析研究，初步确认浮冰的快速移动与当天大潮和当时"雪龙"号处在移动冰带上的位置有关。经过 24 小时的精密观察测量，发现目前"雪龙"号已经处在相对稳定的位置，与冰山相碰撞的概率较小，相对比较安全，但对后面突围制造了更大的困难。

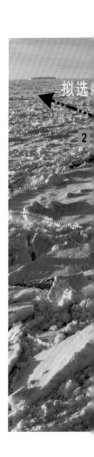

"雪龙"号成功完成救援任务后被困的消息被媒体报道后，得到了全国人民的高度关注，中共中央总书记习近平、国务院总理李克强、副总理张高丽等中央领导高度重视并做出指示。国家海洋局成立了以局长刘赐贵为组长的"雪龙"号脱困应急领导小组，各相关单位成立了应急工作小组。在各级领导亲切慰问和关心下，"雪龙"号全体人员增强了克服困难的信心，稳定了情绪，沉着应对，抓住一切可能脱困机遇。

根据 1 月 5 日凌晨的卫星遥感资料，当时"雪龙"号周围有两个冰山，其中较大的大小为 900 米 × 500 米，正由船东北 2.9 公里处漂移至北向 5 公里处。1 月 5 日，"雪龙"号距东侧清水区域最近距离约为14.8 公里，由于风向与洋流的影响较前一日缩减了 3.2 公里。同日，中、美、俄三国气象预报均认为 1 月 7 日凌晨至 8 日中午，受气旋影响"雪龙"号所在海域将出现偏西风，有利于吹散浮冰进而脱困，而 9 日转为东南风后，海冰将加速堆积。因此，脱困窗口期只有 7 日、8 日两天。通过国内专家的会商分析，"雪龙"号必须抓住这一有利时机进行自救。

由于突围方向与目前船舶方向相差100°以上，"雪龙"号必须在机遇窗口来临之前保持机动与完成转向，才能利用这短暂的时间窗口来进行突围。为了能尽快完成机动与转向，"雪龙"号组织相关人员对船周围的冰块、冰山、水道等进行精确的测量，并利用图片标绘方式，科学分析，集体讨论，制定"雪龙"号转向突围各种可能详细方案与风险评估，并报国家海洋局"雪龙"号脱困应急领导小组。

冰困中的"雪龙"号拟突围路线图（陈虹　绘制）

根据国内专家提供的高分辨率冰图、水文资料及气象信息，"雪龙"号加强对天气形势的研判，并时刻关注现场的气象实况数据及"雪龙"号周围冰情变化情况。1月6日晚，"雪龙"号气象站监测到风向逐渐由东南风向西北风转换，并于1月7日凌晨5:50转变成更有利于将船体周围密集冰向外扩散的西南风，使冰变得松散，有利于"雪龙"号脱困。为了能抓住这一难得的天气过程，"雪龙"号及时启动主机，保持机动，密切观测周围海冰的变化，并按预先制定的部署与方案，一个个地做相应的突破尝试，同时加强以下三个方面的工作：第一，检查好所有的机械设备，保证所有机械设备处于安全可靠状态；第二，用蚂蚁啃骨头的办法，把"雪龙"号周围的大块浮冰捣碎，扩大活动范围，有利于船体转向；第三，加强瞭望，确定浮冰扩散方向，以利用出现的每一次可能突围机会。

　　1月7日上午，"雪龙"号所在区域的浮冰在西风的作用下整体逐渐向东飘移，但船体周围的冰并没有松散的迹象，在被困区域破冰转向的进程非常缓慢，所有人都非常焦急，如果此次机会"雪龙"号没法脱困，将不得不请求其他破冰船来救援才能脱困。随着时间的推进，在"雪龙"号艉部方向逐渐出现水域，但船头方向的冰没有明显的变化，这给"雪龙"号转向带来了非常大的困难。但为了能充分利用这次难得的时机，"雪龙"号全体人员坚定信心，锲而不舍地操纵着船舶，一次次前进后退、转向，撞击着巨大的浮冰，让"雪龙"号这庞大的身躯缓慢地移动转向，功夫不负有心人，在船时19:20船体成功完成转向，并在船头方向出现一条闪电形的狭窄水道，此时"雪龙"号加大马力向着水道奋力前进，就像脱困的巨龙快速地穿行在浮冰中，30分钟后，"雪龙"号到达相对较宽的水域，成功地脱离浮冰围困，"雪龙"号全体人员非常激动并大声欢呼。

船头冰层出现缝隙，终于可以冲出冰困（王硕仁　摄）

　　"绍卡利斯基院士"号也在同一天突出围困，与"雪龙"号一同驶入清水区。

　　"雪龙"号在这次国际救援行动中，遇到了我国历次南极考察中不曾出现的突发危险和陌生海区严重挑战，全体船员临危不惧、直面困难、认真对待、周密部署、积极稳妥地开展各项工作，保障了船舶和全体人员的安全，为最后时刻的成功突围创造了条件。这为后续的极地科学考察任务铺设了一条坚实的道路，成为人类探索自然、挑战极限的又一壮举。

　　在我国第三十次南极考察之旅中，"雪龙"号因成功营救俄罗斯极地考察船"绍卡利斯基院士"号，以及马航MH370失联客机搜救行动，引起了国际社会的高度关注，更以卓越的行动力展现了我国作为负责任大国的良好形象。

见证"雪龙"最南航行纪录

2017年1月31日，正在执行我国第三十三次南极考察任务的"雪龙"号环南极大陆航行，按计划开展大洋断面综合调查。当航行至罗斯海冰架外围水域，考察队做出了一个重要决定，也由此创造了"雪龙"号最南航行纪录。这是中国船只在南半球到达的最高纬度，也是全球科考船到达的最南位置。

1月29日，领队孙波注意到，正在进行的大洋调查，有个站位离著名的罗斯福岛不远，这里鲜有船只到达，我国对这一带的认知甚少。队务会上，他介绍了鲸湾的地理价值，果断提出是否可以把站位再向前延伸，这个提议得到大家的一致赞同。船长朱兵兴奋地表示将尽最大努力，实施延伸方案。他深知，鲸湾人迹罕至，其水深资料严重缺乏，水底的情况一无所知，对"雪龙"号这样的万吨巨轮来说，进入鲸湾无疑难度很大。驾驶"雪龙"号进入未知海域，还需要做大量的准备工作，首先是查找海图水深数据、气象资料，分析冰情，判断进入鲸湾的可行性，并根据对湾内冰山漂移的方向与路径等计算，确定进入鲸湾的大体航线。

罗斯海是南半球最高纬度的边缘海，也是船舶所能到达的地球最南部海域。随着近年来罗斯冰架东部前缘崩解后退，鲸湾岸线后移，水面不断向南扩大，科考船可向南航行的范围因此延伸。鲸湾位于罗斯冰架东北部，罗斯福岛北部。1842年，英国探险家詹姆斯·克拉克·罗斯首次到达该地。1908年，欧内斯特·沙克尔顿到达该地，因看到大量鲸鱼，遂命名为鲸湾。挪威人罗阿尔德·阿蒙森是人类第一个登上南极点的探险家，鲸湾也曾是1911年阿蒙森向南极点进发的基地。

1月31日凌晨，"雪龙"号已抵达鲸湾北侧的入口处，当天天气晴朗，能见度良好，放眼望去，海湾东西方向宽有十几海里，向南纵深望不到边，整个海湾少有浮冰，清水盈盈，海湾深处漂浮着几座小冰山。海湾里没有冰山堆积，从冰架崩解下来的冰山尽已飘出这片水域，这与船长朱兵之前分析的情况较为一致。

水深足够深，水下暗礁存在的可能性比较小，船长朱兵还是不敢有一点大意，降低航速摸索前进。船上的测深仪只能探测船身正下方的水深，并不能探测船头前方的水深情况，也就是当发现测深仪显示的水深不足时，就可能会发生船头触碰礁石或搁浅的危险。他叮嘱驾驶员紧盯测深仪数据变化，一旦发现水深数据急剧变小时，立即减速、拉倒车，把船停住，退出危险区域。

"雪龙"号从早上6点开始，缓缓沿东南方向往海湾深处挺进，船行纬度越来越高，一个小时后突破到南纬78°30′，领队孙波和副领队徐世杰也在驾驶台察看航行情况，大家的心情既紧张又兴奋，"雪龙"号向南所走的每一步，都是在刷新一个新的历史纪录。

随着"雪龙"号的不断深入，船下水深从634米缓慢减少到280米，船速从开始的9节降至5节，以应对水深突然变浅的危险。前方远处湾底高耸的冰架和冰盖逐渐清晰，距离越来越近。10:17，船长朱兵报告，"雪龙"号距冰架仅有2海里，这里是地球可航水域的最南端了，此时船位的纬度为南纬78°41.975′。

实时经纬度

"雪龙"号最南留影

  科考队在此水域利用箱式采集器、重力柱状取样器、生物垂直拖网及 CTD、热流、磁力仪观测等设备进行了考察与观测，这也是人类首次对这片新出现的最南纬度海域开展综合科学调查。多国科学家认为，罗斯海保留着地球最后一个海洋原始生态系统，是最有可能揭示南极生命史的地方，更是研究气候变化对南极乃至全球影响的天然理想实验室。罗斯海域有着不容忽视的科考价值。

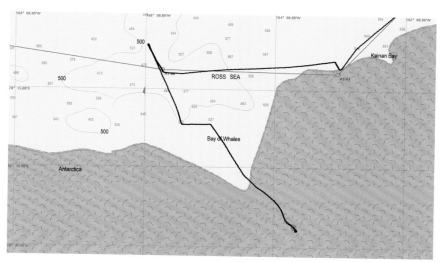

到达缺少水深数据的水域

"雪龙"号至今参与的极地考察活动

"雪龙"号南征北战，至今为止共完成26次南极考察和9次北极科学考察任务，安全航行4 700多天，航程达850 000余海里（相当于绕赤道39圈）：

1994年10月28日—1995年3月6日，"雪龙"号首航南极执行中国第十一次南极考察任务，并首次到达中山站水域。

1995年11月20日—1996年4月1日，"雪龙"号执行中国第十二次南极考察任务，首次到达长城站海域。

1996年11月18日—1997年4月20日，"雪龙"号执行中国第十三次南极考察任务，是执行"九五"国家重点科技计划（攻关）项目的第一年，共安排了长城站度夏科考2

项，越冬科考4项；中山站度夏科考3项，越冬科考10项。

1997年11月15日—1998年4月4日，"雪龙"号执行中国第十四次南极考察任务。考察队乘"雪龙"号从上海启航赴南极，圆满完成"九五"计划第二年的科学考察任务。

1998年11月5日—1999年4月2日，"雪龙"号执行中国第十五次南极考察任务。刘小汉带领3名队员，驾驶一辆雪地车首次进入格罗夫山地区开展科学考察，并采集到4块南极陨石。

1999年7月1日—9月9日，"雪龙"号执行中国首次北极科学考察任务，抵达了北纬77°18′。

1999年11月1日—2000年4月5日，"雪龙"号执行中国第十六次南极考察任务，此次考察创造了我国南极考察以来航程最远，破冰距离最长，且四次穿越西风带的纪录。

2003年7月15日—9月26日，"雪龙"号执行中国第二次北极科学考察任务。

2001年11月15日—2002年4月2日，"雪龙"号执行中国第十八次南极考察任务，考察队乘"雪龙"号从上海港浦东新华码头启航，揭开了21世纪我国极地科学考察的序幕，也是我国"十五"期间的第一支考察队。

2002年11月20日—2003年3月20日，"雪龙"号执行中国第十九次南极考察任务。

2004年10月25日—2005年3月24日，"雪龙"号执行中国第二十一次南极考察任务。DOME-A冰盖考察于2005年1月18日3时16分，人类首次确定了南极内陆冰盖最高点的位置，即南纬80°22′00″、东经77°21′11″、海拔4 093米处，中国成为首个从地面进入冰穹A地区展开科考活动的国家。

2005年11月18日—2006年3月28日，"雪龙"号执行中国第二十二次南极考察任务。

2007 年 11 月 12 日—2008 年 4 月 15 日，"雪龙"号执行中国第二十四次南极考察任务。

2008 年 7 月 11 日—9 月 24 日，"雪龙"号执行中国第三次北极科学考察任务。本次北极科学考察是中国北极科学考察史上规模最大、耗资最多、完成考察项目最全面的一次。

2008 年 10 月 20 日—2009 年 4 月 10 日，"雪龙"号执行中国第二十五次南极考察任务。2009 年 1 月 27 日，我国第一个南极内陆科学考察站——昆仑站在南极内陆冰盖的最高点冰穹 A 地区落成。这是世界上唯一建立在海拔 4 000 米以上的科考站。

2009 年 10 月 11 日—2010 年 4 月 10 日，"雪龙"号执行中国第二十六次南极考察任务。

2010 年 7 月 1 日—9 月 20 日，"雪龙"号执行中国第四次北极科学考察任务。考察队搭乘"雪龙"号从厦门出发，最北航行至北纬 88°22′，随冰漂移到北纬 88°26′，创造了中国航海史上的新纪录。此次北冰洋海洋生态系统调查是中国历次北极科学考察中项目最多、内容最全、获取样品量最大的一次。

2010 年 11 月 11 日—2011 年 4 月 1 日，"雪龙"号执行中国第二十七次南极考察任务。

2012 年 6 月 27 日—9 月 27 日，"雪龙"号执行中国第五次北极科学考察任务，成功首航东北航道，创造我国航海史新纪录。

2011 年 11 月 3 日—2012 年 4 月 8 日，"雪龙"号执行中国第二十八次南极考察任务。由我国自主研发的首台"南极巡天望远镜"成功布放于冰穹 A 地区，为我国天文学研究提供了前所未有的发展机遇，对促进我国南极科学研究具有重要意义。

2012 年 11 月 5 日—2013 年 4 月 9 日，"雪龙"号执行中国第二十九次南极考察任务。12 月 30 日，"雪龙"号首次到达罗斯海进行新站选址。此次考察首次到达南纬 75°7.2″，开创了我国船舶航行最南纬度新纪录。

2013 年 11 月 7 日—2014 年 4 月 15 日，"雪龙"号执行中国第三十次南极考察任务。2014 年 1 月 2 日，成功救出俄罗斯远极地研究考察船"绍卡利斯基院士"号上的 52 名乘客；2 月 8 日，位于伊丽莎白公主地的"泰山站"正式建成开站，这是一座南极内陆考察度夏站，也是我国建立的第四个南极科学考察站。

2014 年 7 月 11 日—9 月 23 日，"雪龙"号执行中国第六次北极科学考察任务。考察队在北纬 76°42′、西经 151°4′ 设立短期冰站进行科考作业，这标志着北极科学考察的冰站作业全面展开。

2014 年 10 月 30 日—2015 年 4 月 10 日，"雪龙"号执行中国第三十一次南极考察任务。2014 年 11 月 18 日，习近平总书记在澳大利亚霍巴特港登上"雪龙"号慰问中国第三十一次南极考察队队员。

2015 年 11 月 7 日—2016 年 4 月 12 日，"雪龙"号执行中国第三十二次南极考察任务。固定翼飞机"雪鹰 601"成功试飞南极，标志着我国南极考察迈入航空时代。

2016 年 7 月 11 日—9 月 26 日，"雪龙"号执行中国第七次北极科学考察任务。本次主要开展了物理海洋、海洋地质、海洋化学、海洋生物、海洋地球物理等方面的综合考察活动。考察区域涉及白令海、白令海峡、楚科奇海、楚科奇海台、门捷列夫海岭、加拿大海盆等，这次考察也是首次在门捷列夫海岭开展调查作业活动。

2016 年 11 月 2 日—2017 年 4 月 11 日，"雪龙"号执行中国第三十三次南极考察任务。

2017 年 7 月 20 日—10 月 10 日，"雪龙"号执行中国第八次北极科学考察任务。本次考察首次穿越了北极中央航道和西北航道，实现了我国首次环北冰洋科学考察，开展了海洋基础环境、海冰、生物多样性、海洋脱氧酸化、人工核素和海洋塑料垃圾等要素调查，极大拓展了我国北极海洋环境业务化调查的区域范围和内容，对我国北极业务化考察体系建设、北极环境评价和资源利用、北极前沿科学研究做出了积极贡献。

2017年11月8日—2018年4月21日，"雪龙"号执行中国第三十四次南极考察任务。中国第五个南极科学考察站——罗斯海新站在恩克斯堡岛正式选址奠基。

2018年11月2日—2019年3月12日，"雪龙"号执行中国第三十五次南极考察任务。本次考察重点开展泰山站二期工程收尾、恩克斯堡岛新站建设相关工作，以及国家南极观/监测网建设、海洋环境保护调查、站区环境整治等工作；通过国际合作，在我国第五个南极新站选址处附近建立一个企鹅保护区，并在中山站附近冰盖为飞机建立一个冰雪跑道机场。

2018年7月20日—9月27日，"雪龙"号执行中国第九次北极科学考察任务，首次完成北冰洋中间航道航行，试航西北航道。

2019年10月9日—2020年4月23日，"雪龙"号、"雪龙2"号执行中国第三十六次南极考察任务，首次开启"双龙探极"南极考察新模式。

2021年11月5日—2022年4月26日，"雪龙"号执行中国第三十八次南极考察任务。

2022年10月26日和31日，中国第三十九次南极考察队255名队员分两批搭乘"雪龙2"号、"雪龙"号从上海出发，共同执行南极考察任务。2023年4月6日，考察队返回位于上海的中国极地考察国内基地码头。

2023年11月12日—2024年4月16日，"雪龙"号、"雪龙2"号、"天惠"轮执行中国第四十次南极考察任务。2024年2月7日，中国第五个南极考察站秦岭站开站。

"雪龙"号考察典型航线

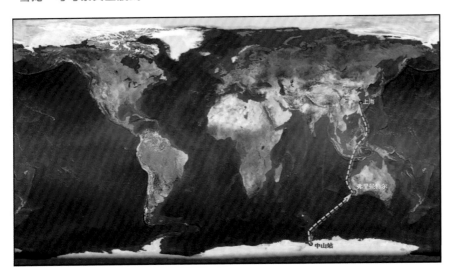

南极一船一站航线

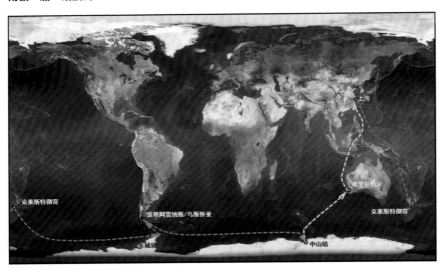

南极一船二站航线

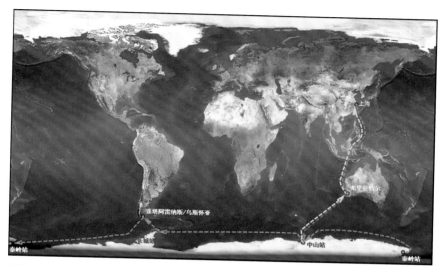

南极一船三站航线

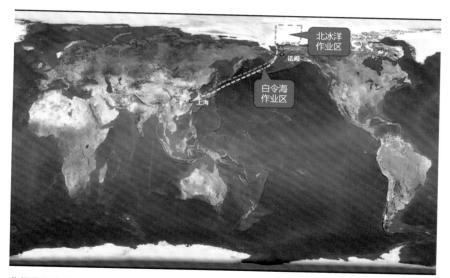

北极常规航线

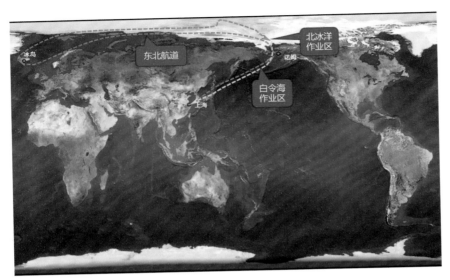

北极东北航道航线（中国第五次北极科学考察）

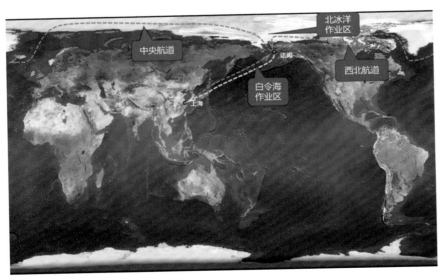

北极西北航道航线（中国第八次北极科学考察）

冰与海的征程
——"雪龙"号极地考察三十年

**"雪龙"号
获奖和荣誉**

2000 年 6 月，雪龙船党支部被中共中央国家机关工作委员会评为"1996—2000 中央国家机关先进基层党组织"；

2006 年 4 月，"雪龙"号被中央国家机关工会联合会授予"中央国家机关五一劳动奖状"；

2011 年，雪龙船党支部被中共国家海洋局党组评为"先进基层党支部"；

2014 年度，"雪龙"号团队荣获"全国十大海洋人物"称号；

2015 年，雪龙船党支部被国土资源部直属机关党委评为"2013—1014 年度国土资源部直属机关先进基层党组织"；

2015 年，"雪龙船恢复性维修改项目"荣获 2015 年度上海市科技进步奖二等奖；

2016 年，雪龙船党支部被中共中央国家机关工作委员会评为"中央国家机关先进基层党组织"；

2016 年，"雪龙"号被共青团中央评为"青年文明号"；

2017 年，"雪龙"号被中华人民共和国人力资源和社会保障部评为"中国极地考察先进集体"称号；

2017 年，"雪龙"号被评为 2015—2016 年度国土资源部直属机关"先进党支部"；

2018 年，"雪龙船恢复性维修改项目"被中国海洋工程咨询协会评为"全国优秀海洋工程"；

2020 年，"雪龙"号被评为 2019—2020 年度"全国青年文明号"；

2023 年 8 月，"雪龙"号再次被评为"全国青年文明号"，并被认定为全国首批二星级集体；

2023 年 9 月，雪龙船党支部被中央和国家机关工委评为"四强"党支部。

第五章

雪龙人的温情与坚韧

汪海浪　摄

"雪龙"号宛如一位孤独而坚毅的探险者，肩负着祖国的重任，在西风带搏击狂风巨浪，在险象环生的冰山群中穿梭迂回，冲破坚冰厚雪，挑战极地重重风险，那些苦，那些累，一次次生与死的搏击，铸就了极地的辉煌，续写着极地科考光辉的历史。这些铮铮铁汉也有温情的一面，他们常常牵挂着家人，家人也时刻牵挂远在地球两极的亲人，有了家庭的支持，雪龙人才有坚忍不拔的精神，军功章有我的一半也有你的一半。回首往事，令人感动和自豪，曾经遇到的困难、承受的痛苦、经历的风险，刻骨铭心。

生命大救援 [1]

这是一则迟发的消息，为了让我们远在国内的亲人们无惧无忧；这是一个意外的考验，中国南极考察十六年从未有过；这是一次令人难忘的经历，那些情景和那些人们让人震撼，更令人感动；这是一件应该让世人知道的事件，因为这是发生在南极圈内的故事。

1999 年 12 月 8 日，我国第十六次南极考察队抵达东南极东经 76°24.40′、南纬 69°07.35′，这是距离中山站 27 公里处冰上卸货点的第四天。卸货点就在南极大陆边缘的陆缘冰上，拉斯曼丘陵清晰可见。南极大冰盖如一摞无边无际的银白丝绸，折射着金红的夕阳，仿若白色绸缎上镶绣的金边。冰盖边冰雪剥落的地方，积淀了数万年甚至数十、数百万年的冰层，向外透散着幽蓝的光泽，这就是著名的南极蓝冰。南极大陆边缘的海面上，陆缘冰依然紧锁住滔滔的海水，压在身下。一望无垠的雪海冰原上高高低低地矗立着几座由冰盖上崩落海里，又被海冰冻

---

1 本篇根据朱鹰、裴福余、李红锋 2000 年 1 月 12 日在"雪龙"号上的回忆文章整理。

住、卡住的冰山。悠闲的海豹慵懒地躺在冰上，享受着太阳的暖意；成行的阿德雷企鹅和三两结伴的帝企鹅风度翩翩，绅士般地在远处注视着这似曾相识的庞然大物——"雪龙"号。金红色的、几乎不落的太阳，向南极、向进入这片神秘世界的人们昭示——南极的夏季已经来临！

"雪龙"号昂首挺立在千里冰封的普里兹湾上，船上船下一片繁忙，中山站越冬物资的卸运工作正在紧张有序地进行着。北京时间12月8日23:20，中山站时间20:20，中国极地研究所副所长、第十六次南极考察队领队盛六华在房间里突然喷吐鲜血，正在一旁汇报工作的国家海洋局新闻办公室主任、第十六次南极考察队党办主任李红锋赶紧跑到"雪龙"号副政委、船医裴福余的房间。裴政委听李主任说的情况，连忙放下手中的工作赶去盛领队的房间，边走边自言自语道："还是发生了，这下子就明确了，我早就觉得不对劲！"

当裴政委和李主任赶到时，盛队长仍在一口一口地往外吐着鲜血和血凝块。床上、地板上、面盆里、杯子里到处都是血。裴政委一看便说："这是上消化道大出血。"粗略一估计，吐出的血约有2 000毫升，当裴政委检查病人的脉搏、血压后说，脉搏110次，还算有力，血压90/58 mmHg，脉压还可以。他嘱咐大家保持安静，不要搬动病人，一边采取紧急措施——开通两路补液扩充血容量，输入706羧甲淀粉、葡萄糖盐水和应用止血药，一边叫人赶紧通知船长袁绍宏。

袁船长接到电话一路小跑地赶到五楼盛领队的房间。领队面色惨白，虚弱地躺在床上，但神志依然清醒。他强打着精神告诉大家："别紧张，吐的不全是血，还有今天吃下的晚餐（饮料）。没什么大不了的！"这时刚刚上船的第十六次南极考察队中山站越冬队队长、国家海洋局极地办计划处李果处长闻讯赶来，裴政委就叫李处长赶紧通知中山站："明确告诉他们，领队上消化道大出血，要求中山站所有医务力量赶来'雪龙'

号，准备万一出血止不住时紧急手术。船上手术设备、器械、急救药品都有，如有准备好的作为备份带来也好，主要是医务人员快点赶来。"因船上当时只有医生裴政委一人，中山站有两名医生。李队长马上通过高频电话叫通了中山站，与第十六次队中山站越冬队队长刘书燕取得联系，急调刚刚离船上站的第十六次队队医、中日友好医院普外科主治医生鲁瑶大夫和已在中山站工作了一年的第十五次队队医、上海医科大学附属中山医院普外科副教授徐俊华，通知他们做好手术治疗的准备。同时与中山站附近的俄罗斯进步站取得联系，借用他们的医生和麻醉师；又与医疗条件相对较好的澳大利亚戴维斯站联系寻求帮助，尤其是急需胃镜检查设备和血浆，这些在"雪龙"号和中山站都没有。

南极洲虽远离人类居住大陆，但缺医少药这已经是昨天的历史。自从 1957 年苏联在南极大陆建立第一个科学考察站，医务人员和各种医疗设施、常备药品就跟随进入了南极洲。而且随着各国纷纷在南极设立考察站点，医疗水平也在迅速提高，有些考察站甚至还建有医院，能做有一定难度的外科手术。但南极毕竟不比繁华的都市，医疗设备的添置也难免百密而一疏。像"雪龙"号极地考察船上的医疗条件，确切地讲应该属于比较高水平的，配备有心脏监护仪、心电图机、X 光机、B 超等大型且先进的检查设备和一个外科手术室，但正好就缺少了急需的胃镜检查设备，而且船上只有一名医生，一旦要进行外科手术，难度实在太大。

1997 年，与中山站相距不远的俄罗斯进步站一名考察队员突发心脏病，就因为缺少助手无法及时救治而死亡。次年，俄罗斯考察站上就配上了两名医生（一名外科医生，一名麻醉师）。所以这也是急调两名中山站医生和借用俄罗斯麻醉师的原因。盛领队的发病实在是太突然，来势也太猛，一旦内科治疗失败，必须立即进行紧急手术！

病情就是命令！已经连续工作了四天、只在装货的空隙打了个盹的两位雪地车驾驶员、来自中科院地质和地理研究所的李金雁和国家海洋局极地办的王新民，一听情况马上卸下雪地车后的雪橇，掉转车头，其中一辆开往俄罗斯站接两位大夫。鲁瑶和徐俊华大夫接到通知并简要地询问病人的病情之后，在 15 分钟之内就做好准备赶到雪地车旁，等候俄罗斯大夫的到来。中山站时间 21:30（北京时间 12 月 9 日 00:30）两辆雪地车和两辆雪地摩托开足马力，急速地开出了中山站。

南极的天气变化多端，说变就变。12 月 4 日，"雪龙"号破冰到达卸货点时，南极冰原阳光万道，气温为 1℃，可夜里就露出变天的迹象，午夜时分气温急降至 −8℃，大风伴着飘雪将"雪龙"紧紧地包裹起来，5 日出现了白化天气，让人寸步难行。所谓白化天气，是由于太阳的光线从雪的表面和浓云的底部反射和折射出来，所有的阴影全部消失，白色的雪面和天空完全混成一体，雪地上的高低起伏、沟坎纵横和脚印、车辙等痕迹让人难以分辨，严重的可以让人失去对高低远近的任何判断。5 日傍晚，几位考察队员下船拍摄企鹅，刚下船还可以看到身边 4～5 米的雪面情况，可在雪地里走了十来分钟就一片茫然，而且虽然戴着防紫外线的保护墨镜，可眼睛里马上就不由自主地流出眼泪。有时面前就是一条深沟或是一个大雪堆，也一脚踩下去，扑面摔倒，后面的人才知道。原以为这样恶劣的天气要持续好些天，可是 6 日一大早，冰原上又天蓝蓝，雪白白，晴空万里，能见度可以看到 20 公里以外。所以 6—8 日考察队全体迅速抢运中山站的物资。

就在两辆雪地车和两辆雪地摩托急火火地开出中山站之际，一个气旋又降临在东南极的上空。金红色的极昼太阳被乌云不知卷到了何方，大风狂卷而至。雪花根本不是飘然降至地面，简直就是与地面平行地被风刮着横飞。能见度不超过 10 米。中山站和"雪龙"号之间的直线距离为 27 公里，但中间的冰原却因为今年夏季的姗姗来迟而开了又结，化了又冻，弄得原本平整的冰海雪原犹如一片望不到边际的乱石滩，高高低低，凌乱险峻，中间还横亘着几条潮汐缝。所以雪地车的运输路线只有在其间绕来绕去，实际距离达到了 38 公里。

在这种恶劣的天气情况下，一般的户外活动在南极都会停止，因为大风雪在野外车毁人亡或是一不小心连车带人扎进潮汐缝，葬身深冷的印度洋，或根本就不知被风雪刮到什么地方还是被大雪活埋的事情太多了。现在出车，车上的人谁都知道，这无异于拿自己的生命与大自然在做一场赌博。但谁都不说，都只想着该如何尽快地赶到船上，尽早地抢救病人的生命！他们选择了一条最快捷，同时也是最冒险，但也是唯一的一条路线（因为运输路线的路标根本无法看清）：直奔"雪龙"号。

由驾驶经验丰富、技术娴熟的李金雁和王新民驾驶雪地车，船长袁绍宏在船上打开雷达帮助修正路线，武汉测绘科技大学的年轻教师彭文均手持 GPS 全球定位仪坐在先导车中，定准"雪龙"号方位，指示方向，中科院地质与地理研究所研究员、第十六次南极考察队副队长刘小汉和中山站第十五次越冬队队员杨国杉，驾驶雪地摩托在雪地车旁，忽左忽右、忽前忽后地寻找安全冰面。在茫茫不知边际，举目四望全如一片平板的白色世界，在幽深的普里兹湾板结的冰面上，一群中国人和两个俄罗斯大夫与严酷的大自然展开了一场争夺时空的生与死、毅力与自然力的较量！

两位机械师出身的驾驶员拼上多年的功力，力求快速、平稳地驱动着钢铁装甲冲向"雪龙"号，但扑面而来的白色犹如一张厚实的白色帐幔捂住他们的眼睛。白化！严重的白化天气再次降临，能见度不超过 50 米。他们只能凭着自身的感觉和小彭的提示，还有从高频电话传出的袁船长那充满浓郁江苏口音的导航，力求走直线。冰面，其实还不如确切地称之为乱冰堆，不时地将数十吨的雪地车掀起、放低。虽然冰面下是400～500米深的海水，但坚冰的硬度却丝毫不输给镶嵌着钢钉的履带，几十吨的重量压过去，冰上只留下几个白点和浮雪临摹的履带痕迹。突出的冰凌和冰疙瘩将雪地车震得颠簸摇晃，浑身作响好似要散架一般。车内的人起初还想各自平衡自己，但几个剧烈的颠簸之后就有好几个人从座椅上被颠倒了地板上，所以大家干脆胳膊挽胳膊地连成人链。

单独驾驶雪地摩托的刘小汉研究员已经51岁，但年轻时练就的健壮体魄和一直坚持锻炼，外人根本不知他已过知天命之年。他已是第五次来南极。12月4日，"雪龙"号刚刚停靠卸货点，他就驾驶摩托作为探路先锋。作为第十六次队的副领队，同时又有着丰富的极地考察经验的"老南极"，他责无旁贷地独自驾车裸露在暴风雪中为雪地车探路。只见他和杨国杉两人，熟练地开着摩托与雪地车保持一定距离，为雪地车避开雪堆和沟坎，特别是绕开只有几厘米厚，可能导致灭顶之灾的潮汐缝左冲右突。忽然，他的摩托突然顿住，他一头栽了出去——原来一个一米多高陡立的大雪堆横在路上。后面的雪地车也连忙刹住，车厢里的人忙跳出去把刘小汉拖出扎进雪堆的摩托，然后又继续赶路。一路上刘小汉三次人仰车翻，好在没有受伤。雪地车别看动力十足，钢筋铁骨，扎进雪堆里照样只有喘粗气的份儿，还得退出来绕着走。有几次几乎是直立地栽进很深的雪沟，吓得坐在后厢里的人们个个都瞪大了眼睛，张开的嘴一直到雪地车"轰——轰——"地爬出沟底才合上，才出一口憋了半天的气。若是潮汐缝，后果将不堪设想。潮汐缝是由于潮水的起落使海冰裂开的缝隙，一般只有几厘米到几十厘米的冰层，而海面结冰至少要60厘米，而且是大面积的冰原才可承载数吨重的雪地车。薄薄的潮汐缝下面就是深邃的大洋，一旦栽下去，没得救！

当"雪龙"号上的雷达显示，雪地车离船只有2.3公里时，一直守候在雷达旁的袁船长发现四个移动的亮点好长时间没动地方了。原来横在来路上的一道冰凌像一线磨利的刀刃，当走在前面的雪地车开了上去，橡胶的履带迅即被齐齐切断，履带散在雪地上，雪地车瘫痪了。李金雁和王新民跳下车一检查，没有任何办法再走了，只有等天气好再拖回去修理或是带一副新履带更换。所以车里的人全部下车，将各种物品转移到另一台车里，人也挤到两辆摩托上和另一台雪地车里，继续向"雪龙"号靠拢。

　　自从这个地球上有人类出现，人与自然的抗争就从来没有终止过。征服自然就一直是人类最大的追求，而人类在征服自然的历程中也付出了无数血的代价，尤其是在南极洲。据不完全统计，从人类开始探索南极，至少已有11人被南极暴风雪夺去生命。那么在这样一个夜晚，又是一个暴风雪肆虐的夜晚，这些风雪兼程的人们难道就不知道这些血与雪的教训吗？难道他们真的认为人定胜天吗？不！他们只是为了去挽救一个垂危的生命而暂时忘记了一切乃至个人的安危，他们是在用毅力和勇气向残酷的自然证明：尽管我们今天无法战胜自然，但自然无法阻挡人类终将战胜它的必然趋势！这是一群幸运的南极人，更是一群勇敢的中国人！北京时间12月9日凌晨6:00，雪地车和摩托终于停靠在了"雪龙"号边。27公里的直线行进用去了五个半小时。

　　"雪龙"号外面的雪下得更大了，狂风吹得人一直冷到了骨子里面。卸货工作早已停止，劳累了几天的考察队员和船员们都已进入了梦乡。为了不惊扰大家，同时为了全队的思想安定，考察队领导决定暂不公布盛领队生病的消息，尤其怕随队记者们向国内发出不确切的新闻报道，所以要求记者回避等候通知。

　　几位顶风冒雪赶到船上的医生和刘小汉副队长一上船就直奔大台餐

厅，裴福余政委在对病人进行了紧急救治之后，看到病情基本得到控制，没有出现再次出血迹象，连忙赶到大台跟鲁瑶医生和徐俊华大夫介绍病情。有着多年海上救护经验的裴政委介绍道："早在 6 日凌晨 2:00，病人巡视船舶安全上楼梯时感到心慌、气喘，面色不好。早晨 8:00 电话叫我，当时检查病人，脉搏 110 次 / 分，心电图示窦性心动过速，右束支传导阻滞，腹部没有任何阳性症状、体征，二便正常，无其他特殊病史。即对症治疗，但效果甚微。8 日，病人出现低热，根据这两天的观察，病人贫血貌明显，裴政委高度怀疑病人有内出血，或造血系统有问题。但找不出其他证据，就试探、预防性地在 8 日白天给病人输入了 1 000 毫升的葡萄糖溶液和 500 毫升的 706 羧甲淀粉，病人情况有所改善。当天晚上 11:20，病人就出现吐血。"

听完病情介绍后，徐俊华、鲁瑶和两位俄籍医生在裴政委的陪同下再一次对老盛进行了检查。

已经是 9 日的早晨 7:00，房间里袁绍宏船长、李红锋主任和李果站长一直守护在盛队长的身边，等候医生们的到来。

医生都到齐了，能做的检查也做了，但最能查出病因的胃镜检查却没有设备，要判断病因只有靠大家的临床经验了。第十六次队临时党委委员也到齐了，人人都十分紧张，但都很平静，都在等候医生们的诊断结果。盛领队倒下了，若他们再乱了方寸，就意味着我国第十六次南极考察任务有可能全盘皆乱。在极短的时间里，以船医、副政委裴福余为组长，鲁瑶和徐俊华医生、俄罗斯麻醉师尼吉汀·谢尔盖为组员的医疗小组就成立了。

医疗小组和党委成员都来到会议室，医疗小组做出了病情判断：病人系上消化道大出血，出血量大，属危重病人。在病因、出血部位和出血性质的判断上，医生们列出了四种可能性：①食道胃底静脉曲张破裂出血；②胃及十二指肠球部消化性溃疡出血；③肿瘤；④急性出血性胃炎。然后拟订治疗原则和方案：①禁食；②绝对卧床休息；③因病因不明，病人体质极差，血源有限，宜以非手术治疗为主（药物止血、补液、全身支持疗法）；④做好再次出血的应急措施（准备双气囊三腔管，冰盐水，去甲肾上腺素等）；⑤备血，做好紧急手术准备；⑥插胃管进行胃肠减压；⑦做进一步检查，以明确出血性质和部位（听说戴维斯站有胃镜）；⑧轮流特护，严密观察。

盛领队没有既往特殊病史，自述一向身体健康，又未查出相关阳性体征，这给医生们的明确诊断带来了困难。究竟是哪种原因导致病人大量失血，还是需要有设备进行进一步的检查，要知道像这种大量的急性失血，在病因和出血部位没有完全确定之前，手术成功率是很低的，除非万不得已不给病人动手术，这是医疗小组根据当时情况一致做出的决定。但令医疗小组担心的是怕病人再度失血，因为一旦病人再度出血就可能生命不保。所以要尽快地落实血源！

12月9日上午，通过高频电话与戴维斯站取得了联系，澳方含糊地回答有检查设备和血源，并回复天气好转就派直升机过来接病人。袁绍宏船长一听马上下令全船备车，掉头破冰开往 DAVIS 站。"雪龙"号是我国的第一艘极地破冰船，能破1.2米厚（含20厘米积雪）的冰层，但卸货点附近的冰区实际上已超过1.2米，加之气旋来临，气温急降，冰块冻得硬邦邦的。两万多吨的"雪龙"就在原地进退反复，船员们拼尽全身解数干了8个多小时，船头还是没有掉过来。天公也不作美，澳大利亚的直升机刚刚起飞，天气又变，只得降落。最令人沮丧的消息从戴维斯站的高频电话里传来：戴维斯站没有胃镜设备，也没有备用血浆，要用血也只有从考察队员身上抽取，他们要求将病人交给戴维斯站。局面似乎一下子陷入了困境。

这时医疗小组通过向病人胃中插入胃管，引流内容物发现：抽出的液体是金黄色的胆汁，从而更加确信病人的出血位置在十二指肠以上。他们所运用的补液、止血、卧床、全身支持保守疗法，在病人状况基本得以控制的情况下看来，现在的治疗措施是正确的。他们进而向临时党委提出：首先无论如何必须尽快找到血源，赶快给病人输血。因为至今为止给病人的补液没有血浆，用的羧甲淀粉只是一些中分子、大分子的胶体溶液，由于它的渗透压高，所以能拉住伴随补入的葡萄糖分子和水分不向组织渗透。但羧甲淀粉毕竟不是血浆，更不是新鲜的血液，只是应急的代用品。要真正地缓解和稳定病人的病情，必须输血。其次现在船上医疗小组的技术力量非常强大，有裴福余、徐俊华、鲁瑶三位医生。裴大夫从事航海救护工作二十多年，多次在海上抢救过不同程度的病人，令病人化险为夷，并有过在风口浪尖摇摆的船上给病人成功实施手术的先例，可谓经验丰富；徐俊华大夫是上海中山医院普外科腹腔镜手术权威，经验老到；略微年轻的来自北京中日友好医院普外科的鲁瑶医生，也是师出名门——同济医科大学，在中日友好医院是年轻一辈里业务上的优秀人物，临床经验成熟干练；再加上有俄罗斯专职麻醉师谢尔盖的协助，用船上的设备要给病人动手术是绝对没有问题的。所以坚决不同意将病人交给戴维斯站。但由于没有胃镜检查，就无法最终确诊手术部位；病人已失血 2 000 毫升，而手术必然会失血一部分，血源又没有，此时将病人推上手术台，成功的概率实在太低！所以希望尽快将病人送上陆地，找医院进行检查确诊之后再做下一步考虑。

　　上陆地？！这里是南极大陆的边缘，离此最近的有人居住大陆也就是"雪龙"停靠的上一个海港——澳大利亚的弗里曼特尔（Fremantle），可相距近 3 000 海里，也就是 5 000 多公里，而且中间还隔着一个要命的西风带，正常人都十有五六要被摇晃得晕船呕吐，甚至卧床不起，何况一个危重病人！在有医疗小组参加的临时党委会上，草拟给国家海洋局的电报稿时大家认为：去弗里曼特尔最近，但路实在难走，而且第十六次南极考察的艰巨任务势必延误甚至完不成；取道西半球的长城站，再从智利考察站乘飞机赴智利最南部的港口蓬塔－阿雷纳斯，再转飞智利首都圣地亚哥，路线与考察的路线一致，对任务不会有影响，但路途遥远，中途病人一旦复发怎么办？最后大家还是一致趋向后者，决定立即向北京发报。同时经商讨决定动员考察队员中 AB 血型的队员，为盛六华同志献血！

　　1999 年 12 月 10 日早晨 7:00（北京时间），临时党委的主要成员和医疗小组的医生们又熬过了一个不眠之夜。盛六华领队的病情基本得以控制，但由于没有血源补充，盛队长十分虚弱。考察队员们也陆续听到一些风声，所以早餐的大餐厅里也失去了往日的喧哗声，气氛十分沉闷。考察队员、长沙电视台记者朱鹰也熬了一个通宵，前些天全体队员参加卸货，记者也不例外。而且他还利用歇班的时间上了一趟中山站，抢拍雪中的中山站和卸货镜头，所以昨天夜里抓紧时间在写落下的稿件。他盛好早餐坐在了中央人民广播电台记者焦金英的旁边，边吃边了解老盛的病情。

　　朱鹰从 63 本黄皮书（《国际健康证明书》）里挑选出了 6 名 AB 血型的队员，但李主任一对已经上中山站的队员名单，船上只留下了朱鹰和来自极地中心的队员周志祥。周志祥是卸货一班的班长，因为在上海装货时他是现场负责人，卸货时只有他最清楚该卸的货物摆放的位置，所以在卸货中始终离不了他，即使该他歇班的时候他也得待在卸货现场，他前些天几乎没睡过什么觉。

　　上午 10 点多，回房躺了一小会儿的朱鹰又回到医务室，周志祥睡意蒙眬地也被通知到了医务室，首先他们被带到盛队长的病房进行交叉配血实验，一进去他们看到裴政委正从自己的静脉里抽血进行实验。俄罗斯的麻醉师谢尔盖正好随身带来了交叉配血的试剂和抽血用的血袋，现在正好派上了用场。

血袋是能容纳400毫升的，所以没有计量，只有凭谢尔盖的手感来把握计量。500毫升还带着余温的鲜血马上挂到了盛队长的床头！500毫升鲜血的确给盛队长的病情带来了起色，医疗小组请示临时党委，要求再赴中山站向四位已上站队员做动员，争取他们的献血。袁船长和裴政委也在商量，准备要"雪龙"号船员献血。雪地车又将鲁瑶医生和谢尔盖带到了中山站，这时天也放晴了。来到中山站，已经等候多时的队员们一下子将鲁瑶医生围住，你一言我一语地打听盛队长的病情。四名AB血型的队员已经空腹等了五六个小时，因为事先通知他们献血必须保持空腹，所以尽管连日高强度的体力劳动使他们消耗极大，但他们还是忍住饥饿。

考察队员胡平本来就身材瘦小，一边抽血一边额头上冒冷汗；考察队员郭浩和何勇好容易才抽了150毫升。最后胡平抽了150毫升，考察队员吴钢抽了250毫升，总计抽取700毫升。旁边的考察队员赶紧给他们泡来了糖水和牛奶，准备好刚出锅的饭菜。鲁瑶医生的心里当时有一种说不出的感动，事后他告诉记者朱鹰："我一辈子都忘不了那个场面，太感动人了！可他们有的人还得在南极度过漫长的一年多啊！"

在最开始考察队临时党委还准备做思想工作，动员适合血型的同志献血。可没想到大家如此踊跃，都是主动地要求献血。这些队员们有谁不知道南极考察对身体的要求极为严格，有谁不知道要在这种环境下生存和从事考察工作，身体就是本钱。在这种严酷的自然环境和高强度的体力、脑力劳动并存的情况下抽血，无疑对自己的身体会有影响。救人要紧！这就是当时每位献血者心里唯一想到的。所以没有一个人退缩，考虑一下的人都没有！这种情况着实令每一个亲身经历的人万分感动！

国家海洋局回电指示：以抢救盛六华同志的生命为当前主要工作，"雪龙"号立即停止中山站的物资卸运工作，尽快开赴南美洲最南部港口——智利的蓬塔–阿雷纳斯（这是中国第十六次南极考察队的备用港口，以备燃油和淡水不足的补给港），国家海洋局将尽快通知极地办驻智利首都圣地亚哥办事处负责人王勇做好接应工作，"雪龙"号到港后尽快让盛领队随王勇从蓬塔–阿雷纳斯飞赴医疗条件较好的圣地亚哥，进住当地医院进行详细的检查，确诊后再确定是在智利动手术还是回国治疗。

考察队员的生命重于一切——这就是我国极地考察主管单位，国家海洋局对处理这类问题的原则。国家海洋局还指示，临时党委暂由临时党委副书记、"雪龙"号副政委裴福余同志主持工作，裴福余同志还要兼顾医疗小组工作，以确保沿途老盛的治疗和护理。国家海洋局党组同时也电告上海中国极地研究所党委，为避免不必要的惊慌和确保其他考察队员家属的思想、生活稳定，暂不通报盛六华同志生病的消息，并委托极地中心党委单独向盛六华同志的家属告知病情和转达慰问。

12月11日上午9:30（北京时间），"雪龙"号起航了，也许由于天气转晴，只花了较短的时间船体就掉转"龙"头，破冰闯出浮冰区，13日就将冰区甩在一旁，贴着冰缘线向西半球疾驶。

12月10日，给盛队长输入了500毫升鲜血，随后的四天又将从中山站采集的700毫升鲜血陆续给他输进体内，他的情况明显有了改善，人也有了些精神，脸色红润了不少。他感激地告诉周围的人："我给你们大家添了这么多的麻烦，感谢大家啦！"

从12月9—11日，三天危险期终于挺过去了，临时党委的成员和医疗小组的医生们都长长地舒了一口气。因为像这种急性大出血的危险期一般就在前三天，过了这三天才能说病人的情况基本稳定了。从第四天开始，医疗小组开始讨论病人的营养问题。因为从 9 日开始禁食已有三天，三天里虽然每天都给病人打点滴补液，但既无脂肪也无蛋白质的补充，病人每天获得的能量都不够维持基本代谢，所以长时间的禁食对病人的恢复不利。

但医生们都知道出血的部位就在上消化道，只是具体位置不明，现在进食会不会触发创口引起再次出血呢？经过再三讨论，他们决定从第五天开始让病人进食半量流质，两天之后再增加到全量流质，然后再逐步增加到半流质。盛队长开始进食之后情况逐步好转，精神也逐步好转。起初躺在床上不想说话，慢慢地话多了，过了一天又能坐起来一会儿了，又过一天，坐着的时间延长了……

12 月 20 日，正值澳门回归祖国之际，第十六次南极考察队全体人员在大餐厅里举行庆祝晚会，其中有一项就是盛队长在房间里通过对讲机跟全体考察队同志讲几句话，当他久违的声音通过对讲机，再通过麦克风在大厅里响起时，全体在场人员报以热烈的掌声……

但此时医生们心里并不轻松，尤其是裴政委。他每天注意观察病人的大便，发现大便依然是黑色，这到底是残留在病人体内的积血还是病灶依然在慢性渗血，想到这里他不由得一阵紧张。以后的每天，老盛的康复一天比一天好，但医生们依然限制他的活动时间。24 日早晨，裴政委紧锁多日的眉头终于舒展了，病人的大便终于恢复了正常！以后每天老盛的活动时间延长了，出太阳的时候，海军出身的他有时居然爬上驾驶室，看看蓝色的大海，晒晒金灿灿的太阳。而且还参加了由朱鹰策划，庆祝新世纪到来"全国百家城市电视台大联播"长沙电视台的选送节目"来自南极的问候"的拍摄。当 26 日早晨他出现在船员大餐厅的门口时，所有在场的人都一齐鼓掌。尽管大家都知道他仍然很虚弱，但在这么短的时间里他硬是凭着顽强的意志站了起来，这是多么不容易，这饱含了多少人的努力和心血！他们为老盛的坚强鼓掌，他们为我国第十六次南极考察队完全凭自己的力量成功地抢救了老盛的生命鼓掌！

当地时间 1999 年 12 月 28 日清晨 6:30（北京时间为 12 月 28 日 19:30），南美洲最南部的港口，也是地球上最南端的城市——智利麦哲伦省的省会蓬塔 – 阿雷纳斯的港口码头上，海风劲吹。尽管正值南半球的夏季，但麦哲伦海峡长年不断的阴冷的北风时常刮进来，夏天穿皮装在这儿丝毫不以为怪。清晨的蓬塔 – 阿雷纳斯宁静、清幽，城市后面的巴塔哥尼亚山脉在黎明的光线中折射着如烟的青雾。码头边的海面上，波澜不惊，海鸟翻飞。

盛六华领队在来接替他工作的国家海洋局极地办副主任王德正和"雪龙"号船长袁绍宏，"雪龙"号政委兼船医裴福余，考察队党办主任李红锋，极地办李果处长和其他船员代表、考察队员代表的陪同下，独自一个人走下"雪龙"号。他以 55 岁的年龄挂帅出征南极，不想壮志未酬，因病不得不离开与他朝夕相处的考察队员们，离开"雪龙"号；他更难以忘怀从他生病到离开的 22 天里那些为他日夜担忧，衣不解带、食不甘味的同事们。

盛六华领队于 12 月 28 日飞抵智利首都圣地亚哥，于当天在中国驻智利大使馆的协助下住进了智利空军医院，次日接受全面检查，确诊为十二指肠溃疡和急性胃炎，当时恢复情况良好，只是体质仍然虚弱。

中国国家海洋局极地办驻圣地亚哥办事处将盛六华领队的检查结果向国家海洋局和极地中心做了汇报。国家海洋局指示先原地休息，待身体恢复一些再飞返上海，回国接受更进一步的详细检查！

2000 年 1 月 5 日，盛六华领队从智利乘飞机回国，7 日平安抵达上海虹桥机场。

冰海沉车，机智脱险 [2]

南极之所以最晚被人类发现，就是因为其地处偏远，环境恶劣，特别是环绕南极大陆的海冰，直接阻挡了人类探索的脚步。后勤保障物资运输是南极各个国家考察站正常运行的基本保障，相比世界其他地区，南极考察站的物资补给尤为困难。

中山站的后勤物资运输主要靠三种方式：一是在海冰上靠雪地车拖着雪橇运输；二是靠小艇、驳船运输；三是靠直升机吊运。这三种方式各存在利弊，在南极这种特殊的环境下，具体操作要看天气、海冰等实际情况来决定采取哪种方式来进行物资的运输。

雪地车

2　本篇根据时任政委兼大副汪海浪回忆整理。

冰面上非常危险的潮汐缝

　　中山站时间 2008 年 12 月 27 日 23:23，我国第二十五次南极考察"雪龙"号到达中山站，在外陆缘冰中进行海冰卸货时，第二十四次南极考察中山站越冬站长徐霞兴驾驶雪地车，在海冰上行驶，到距离"雪龙"号船头 100 多米处突然掉入冰窟窿中。

　　时任考察队政委兼大副汪海浪当时正好在"雪龙"号驾驶台值班，看到徐霞兴驾驶雪地车从船的左舷船头方向开车过来，雪地车转动的履带搅起冰面上的积雪，非常高，很好看，很壮观。他赶紧叫正在驾驶台后部看甲板上卸货的杨惠根领队和糜文明助理过来照相。只见雪地车开到船头方向时，突然发现雪地车履带原地转动，而车身不向前移动，雪地车履带边转动，车子边向下沉，很快向下沉没入海中，海冰压碎形成的冰洞，被碎冰一下就覆盖了。这里的水深在 400 米左右。

　　情况紧急，看到这惊险的一幕，汪海浪感觉心都要停止跳动，他立即通过广播急促地大声喊叫："船头方向有雪地车坠入冰海，赶快去救人。"在船主甲板上卸货作业离冰面最近的队员听到广播后，赶紧下舷梯向船头方向冲去，在船上的考察队员有拿着棉被的、有拿着药箱的，都冲出了房间向海冰上急赶。

1秒、2秒……时间在慢慢流逝，大家感觉凶多吉少，都焦急地盯着冰窟窿，等待奇迹的出现。过了一会儿，汪海浪惊奇地看到在冰窟窿的碎冰中刷地冒出一个小黑点，他的两只手在不停地扒着水坑边的冰沿，爬了三次，艰难地爬上海冰，他似乎想站起来，但因为寒冷海水的侵袭和体力的透支，一下子瘫倒在海冰上昏迷过去。

　　施救的队员赶到后，立即把他背起往"雪龙"号返回。

　　但因为海冰上的积雪很深，背着的队员深一脚浅一脚，在雪地上走起路来非常缓慢和吃力，好在人多，拿着棉被的队员这时也赶到。

　　大家就把他放在棉被上合力将他抬回到"雪龙"号上进行施救，到这时，人们悬着的一颗心才慢慢放下。

　　在"雪龙"号一层甲板乒乓球桌上，队员们对他抢救，把湿衣服一件件脱掉，队员们有的抱头、有的抱身体、有的抱脚，并给他按摩，让他的体温慢慢上升。好在施救及时，他慢慢苏醒过来，神志开始清醒，经过医生诊断后确认没有大的问题。

　　徐霞兴是一位南极考察的老机械师，曾多次驾驶雪地车参加内陆冰盖的考察，这次他凭着丰富的驾驶雪地车经验和娴熟的应急处理能力，才逃过了这次灾难。第二天，他身体恢复过来后，汪海浪去找他了解当时车辆原地打转，车辆下沉后是怎么逃出来的情况。

　　原来，当时雪地车从"雪龙"号吊运到左舷的海冰上，他就驾驶着雪地车从"雪龙"号的左舷准备绕过船头到右舷的海冰上进行雪橇的拖运，刚行驶到"雪龙"号船头时，他突然感到车身下沉，知道情况不妙就赶紧加速，想快速冲过去，但已经来不及了，被厚厚积雪掩盖的薄薄一层海冰已经破碎，雪地车加速下沉。

　　他想跳车，但这种雪地车在行驶时车门是锁死的，就那么一刹那的时间想打开锁死的车门是来不及的，而且此时雪地车已经在海水中下沉，海水没过车门，想推开车门是不可能的。

在这千钧一发之际，他灵机一动跳上驾驶座椅准确地摸到天窗的旋钮，并急中生智一手拉开车窗，当海水从车窗中涌进驾驶室，在海水的冲击下，他另一只手迅速地打开天窗，雪地车天窗开关是手动的。

他一蹬脚，借着海水的冲击力蹿出天窗，身体蹿出后感觉有东西把他的脚卡住了，天窗的宽度大约 30 厘米，越冬队员穿的靴子比较大，他两条腿拼命地蹬，把脚上的两只长筒靴蹬脱，总算脱离了在快速下沉的雪地车。他就冒着冰冷海水的侵袭往上蹿，好几次头都顶到了海冰，就是没有找到那个冰窟窿。他就把两手撑开在海冰底下摸索着，好不容易探索到那个冰窟窿，喝了好几口海水，才艰难地蹿出来，拼命用力爬上冰窟窿边缘。

听了他这段冰海沉车惊险的逃生过程后，大家为他的沉着冷静而感到钦佩。如果当时雪地车上有两个人，因为通常情况下副驾驶座位上会有一个协助运货的人，那就可能都逃脱不出来了。所以说，在南极考察处处存在着危险，必须时刻保持清醒的头脑，增强考察队员的安全意识和能力，才能避免可能发生的安全事故。

浮冰上，艰难的二次输送燃油[3]

燃油是确保中山站正常运行的基本保障，为中山站输送燃油是第十六次南极考察的重点任务。但是，2000 年 2 月普里兹湾的冰情十分严重，船到不了卸油位置（船站距离 2 公里以内）。250 立方米站用燃油能否按计划卸下去，这关系到中山站的生存问题。按计划第十七次南极考

---

3 本篇根据第十六次南极考察队二副朱兵回忆整理。

察"雪龙"号将不到中山站,如这次油料卸不下去,"雪龙"号又得为中山站送燃油再单独跑一趟南极,这也是一笔巨大的费用支出。为了此次卸油任务能够顺利、及早完成,大年初一就开始动车破冰。一直到 2 月 8 日,船每天要向前拱一点,但每天所破冰前进的距离却每况愈下。由于冰层厚,刚被破开的碎冰多,对船体前进的阻力很大,当船再次向前拱进时,还没到固定冰,便成了强弩之末。

于是,"雪龙"号便在中山站外 2 海里的地方停下,筹划下一步的行动。船上一边派人去精测船到中山站之间的距离,一边四处筹集输油管,最后的结果是:管"短"莫及。即使将备用的油管加上去也不够长。中山站虽近在咫尺却又似远在天涯。俗话说:"谋事在人,成事在天。"接下来就看老天爷的了。继续静下心来等吧,等冰化,等冰开,也不只是等了一天、两天了。那么,下一期的大潮会不会将冰面冲开?谁也不敢肯定。

此时的南极,白天渐短,黑夜渐长,也就是南极开始由夏天慢慢向冬天转变。夜晚气温也急剧下降到零下十一二摄氏度。以后气候的变化又不知会怎样,再这样下去,船可能会有被冰封而出不去的危险。经过两天的观察、等待后,船上决定:动船掉头,随时准备向外突围。要知道在冰中尤其在固定冰中掉头是件麻烦的事。

2000 年 2 月 11 日,经过 11 个小时的苦战,才将船头调转了 180°。船头向北,停车等待。2 月 14 日清晨,突然发现远处密集的浮冰有一大半已不知去向,露出了一大片水域。船边的部分固定冰也破碎、疏散开来。"雪龙"号因此趁势再次向中山站破冰进发。15 日,进行最后的冲刺了,13:30,船终于到达了输油点。大家开心地纷纷上冰面帮着拉油管。15:40,油管接好并开始输油,每小时 17~18 立方米的燃油持续不断地送向中山站的油罐。

16日凌晨，四处寂静，静得仿佛能听到外面输油管中燃油潺潺的流动声。

6:35，突然，牢牢插在固定冰中的船体开始向后滑动，船边的固定冰转眼间变得支离破碎，大片完整的固定冰上裂开的口子快速向远处延伸。船体随着破碎的浮冰一起，开始向西北方向漂移，这可能是大潮的到来，远处冰川的滑坡、冰山的塌陷所形成一股很强的涌动而造成的。弯曲的输油管也慢慢开始拉直。大家被这突如其来的力量与速度所震惊。紧急动车、停止输油、卸掉油管……船慢慢被控制住了。

下午时分，流速渐渐减小，涌动减弱，赶紧动船前去收集被临时遗弃在浮冰冰面上的油管。看来南极的海况与气象一样，瞬息万变。时不待人，要抓紧时间在船与中山站之间的海面仍有大片浮冰的情况下，把油管再次送接到岸上，将油全部输送进油罐。若浮冰再稀散掉一些，小艇又不能下水，那样，要完成卸油又不知要等到什么时候了。

19:35 再次动船靠近岸边，10 名船员及第十五次越冬队员穿上救生衣、防寒服跳上浮冰，重新铺设油管。大家行动利索，从这块浮冰跳到那块浮冰，浮冰之间间隙大的就用梯子做桥，踏梯而过。此时，寒风凛冽，气温降至 -10℃ 左右，浮冰在水面上上下浮动，相互撞击着。大家已忘记了寒冷，忘记了一不小心就会掉进冰冷水里的危险，齐心协力，将油管接上，直送到岸边。

经过 4 个小时的努力奋战，油管终于又与油库对接上了，此时已是23:30。驾驶室里，寂静无声，队长、船长都等着油管接通的消息。驾驶值班人员时刻注视着船位的变化，不时地用车钟控制船体漂移的速度。机舱人员也随时准备着开泵输油。油管接上了，启动油泵，但是油泵的油压表一直上升，流量计上的流量显示很小，表明油输不出去。问题出在哪儿呢？油管被堵住了？若是这样，刚刚辛辛苦苦接上去的油管又要

输油过程中，冰面裂开，抢时间回收油管

拆下来检查了。此时，天黑得只看到中山站隐约的灯光。赶紧与中山站联系，中山站油库输油人员要求先进行油库处油管的检查。

45 分钟过去了，从油库那边终于传来了检查结果：由于在雪地上拖油管，地上的冰雪堵在油管里了，现已排除，要求重新启动油泵。油泵启动了，只听得 VHF 高频中传来了"我这边正常""我这边也正常"的喜讯。此时，紧张的气氛才慢慢有所缓解。接下来，就是再坚持 7 个小时，静静地等待，让时间与燃油一起慢慢流逝。

2 月 17 日 6:50，整个卸油过程全部结束，船上共向中山站输送混合油 206 立方米、MGO（-10 号油）51 立方米。当对讲机中传来"油已全部卸完"的报喜声，当最后一根油管收回船上，当"雪龙"号掉头向外准备离开岸边的时候，人们早已按捺不住激动的心情，经过多少次努力尝试、多少次苦苦等待、多少个不眠之夜，今天终于成功了！紧张的沉寂早已被一片欢声笑语所淹没……

阿蒙森海触碰冰山 [4]

2019 年 1 月 19 日上午 10:47（北京时间），因受浓雾影响，正在执行我国第三十五次南极考察任务的"雪龙"号航行于阿蒙森海时，船舶触碰冰山。触碰事件发生前，"雪龙"号以不超过 8 节船速缓行于浮冰区，值班驾驶员在望远镜中发现冰山时，距离仅百余米。驾驶员随即全速倒车，监控影像显示，该冰山周围存在大块漂浮冰块，进一步有效减缓船速，发生触碰时船速约为 3 节，触碰后很快即往后倒退。

触碰事件发生后，考察队立即启动了应急响应，第一时间清点并了解人员情况，确认所有在船 105 人均状况良好，无受伤情况。"雪龙"号继续倒退至浮冰区，控制好船位后随即开展安全检查。经查，船舶动力设备、主辅机及轴系、通信及导航设备运行良好，压载水舱、油舱等情况正常，蒸汽、空气、燃油、滑油等管系及泵辅正常，仅船舶甲板区域冰雪堆积，并压覆在倾倒的前桅及周边防浪板上。经估算，冰雪堆积约 400 立方米，重量约为 250 余吨。

经进一步详细确认受损情况不影响船舶安全后，考察队组织人员开展铲冰除雪工作。因缺少专业的铲除冰雪设备，大家一开始用冰镐、铁锹，发扬"愚公移山"精神，24 小时连续徒手作业。待压覆于船舶食品吊臂的冰雪清除后，利用食品吊挪运大块冰雪，同时用高压消防水枪清除残雪。经过两个昼夜的连续奋战，船舶积雪基本清除。

在清除冰雪的同时，"雪龙"号密切关注船舶状态，每小时检查一次关键设备和部位，确保船舶姿态稳定。在确认船舶状态安全之后，船上释放无人机和水下机器人，确认船舶区域水线上、水下部分及舭部水下

4　本篇由李铁源整理撰写。

船舶甲板区域冰雪堆积（程夑　摄）

舵、桨区域皆无受损。

　　考察队现场评估后认定，"雪龙"号状况正常，可排除发生危及人员、船体安全的险情。1月21日11时许（北京时间），"雪龙"号恢复航行，驶向安全水域，为使"雪龙"号后续安全通过西风带，船上积极开展舷桅和防浪板的功能性修复工作。"雪龙"号首先用栏杆链条将前部断裂区域进行防护（使用角铁共9米），确保人员安全。根据《关于调整中国第35次南极考察队总体工作方案的通知》要求，1月22日"雪龙"号从阿蒙森海驶往长城站。

　　1月24日，长城站临时成立的船舶修理工作组（7人）携带部分焊条、钢管登船。傍晚，正在南极给巴西建站的中电公司人员和魏文良顾问一行乘橡皮艇登船交流，当晚半夜就送来部分钢板在船头吊运上船。第二天维修需要的钢板、脚手架、工字钢等工装材料运送到船（因天气原因，中电公司晚上从浅水面船"白玉兰"号用登陆艇将材料运上船）。随后，船舶修理工作组和船员紧锣密鼓开始修理工作，修理现场时而风雪交加，时而雨雾绵绵，在这样恶劣的环境下开展修理工作异常艰难。重达数百斤的钢板和工字梁靠手抬肩扛运抵现场，较大的钢板在舱盖先行切割然后搬运到船头……经过近两天的昼夜作业，工装及脚手架搭载工作完成，随后最艰难，也是最关键的一步就是将倒伏的桅杆直立并前移定位。

1月26日中午，从阿根廷专程赶到长城站为"雪龙"号提供临时检验的中国船级社专家登船，现场检查船舶受损状况并详细了解触碰冰山时的情况，确认船舶为正艏向与冰山触碰，受损构件主要集中在船艏楼甲板区域，具体为：①艏桅倒伏；②艏中部舷墙局部倒伏；③两个通风筒倒伏。

大家就此讨论确定的临时修复原则和方案为：艏桅恢复原位，重新竖立并可靠焊接固定，艏桅的信号灯功能修复；倒伏的舷墙部位需有效防护，确保人员安全，船上后续可根据实际情况开展进一步的修理；通风筒底部封板确保水密；回国后再进一步进行永久性修复。

1月26日晚，"雪龙"号船艏楼甲板灯火通明，孙波领队、沈权船长、吴健政委冒着风雨在现场指挥，为大家鼓劲儿。修理人员有的开动吊车，有的手拉葫芦和绑带，有的在操作切割机，有的在进行电焊。经过近3个小时的密切配合作业，将高达10米、近4吨重的艏桅杆垂直矗立在船头。

1月27日，阴雨绵绵，为了确保按期完成修理任务，焊工躺在积水的甲板上完成舷墙焊接加固，经船级社专家确认，桅杆信号灯功能试验

铲除船头冰雪（王自堃　摄）

正常，满足后续的航行要求。

　　中国船级社专家报总部批准，签发为期三个月的《特殊用途船安全证书》和《免除证书》。

　　1月29日，"雪龙"号从长城站撤离，途中轮机部先用栏杆做临时护栏，中国船级社确认满足临时修理要求。"雪龙"号船员爱船如家，主动利用途中的有限时间继续用钢板焊接舷墙，切割舷墙背部临时支撑，艰难地把受损区域全面整修。2月14日，受损区域基本恢复原貌，返航途中又精心涂刷油漆，船容、船貌焕然一新。我国第三十五次南极考察队经历了一次南极严峻挑战，圆满完成各项考察任务；回国时，经历过磨难的"雪龙"号高昂着挺拔的船艏，依然显得那么坚毅和刚强。

现场验船师签发为期三个月的《特殊用途船安全证书》和《免除证书》

西风带抢修主机，排除险情[5]

执行我国第 29 次南极考察的"雪龙"号顺利突破西风带，于当地时间 2012 年 11 月 30 日凌晨抵达中山站附近的陆缘冰区域。本次西风带航渡期间，"雪龙"号遭遇了近年来相对恶劣的海况，涌浪均在 4 米左右，11 月 25 日凌晨涌浪甚至达到 6 米以上。由于船舶动力设备老化等客观原因，船舶主机曾在此期间两度发生故障。船领导果断正确决策、船员奋力抢修，使船舶在最短时间内恢复动力，确保了航行安全。

11 月 25 日 22 时许，值班机工在例行巡视中发现主机 4 号缸气缸起动阀温度异常升高。气缸起动阀连通主启动阀、空气分配器等主机重要部件，以及主空气瓶等压力容器。若高温是由于关阀不严造成，导致高温燃气倒灌，可能酿成主空气瓶爆炸等严重事故。轮机长得到消息后，立即组织人员赶往现场做好抢修准备。船领导综合天气条件等因素，果断决定择机停船修理。在前后都有气旋追堵的紧急时刻，轮机部船员争分夺秒实施修理工作。由于准备充分、分工合理，船员仅用 20 分钟即完成更换备件的工作，使主机迅速恢复动力。

11 月 27 日，"雪龙"号虽已驶离严格意义上的西风带，但气旋影响仍在持续，8 ~ 9 级大风对船舶航行仍是严峻考验。17 时许，主机控制空气压力骤减，3 号缸排气阀敲击声音异常。大管轮紧急增开备用气路，使现象暂时缓解，避免了排气阀和活塞头的损伤。经领导研究决定，将暂停主机，开展修理。时值"雪龙"号加紧航行，躲避后方气旋之际，轮机部人员迅速到位，再一次成功组织实施了抢修。经过约一小时的努力，船员更换了引发故障的部件，消除了故障现象和隐患，使"雪龙"

5　本篇由程锐撰写。

号得以继续安全航行。

抢修工作得到了领导的重视和关心，党办主任王建国、副领队孙波、船长王建忠等考察队领导亲临现场。在故障消除之后，领导慰问并高度赞扬了轮机部船员队伍，称其"技术过硬，让人放心"。船领导果断决策、正确判断，船员作风顽强、齐心协力，以及完备的气象保障使得"雪龙"号得以顺利穿越西风带。然而，动力设备的老化仍然给今后带来更大的工作量和难度，接下来在南极地区高强度的破冰任务将对机器状况带来进一步恶劣的影响，单机单桨的设计也早已成为制约船舶可靠性的瓶颈……"雪龙"号航行保障的任务史无前例的艰巨。

"雪龙"号过西风带动力系统的正常运行是船舶安全航行的首要保障。由于西风带气旋一个接着一个，此海区涌浪 4 米左右是常态。设备正常时，船舶航行是很安全的，最大摇摆也不会超过 10°。如果主机故障，船舶没有动力，就会随波逐流，置于危险之中。"雪龙"号船员出航前都会做好一系列的安全检查和应急操作培训。尽管如此，但是设备老旧仍然是航行安全的隐患。这次的经历也坚定了"雪龙"号恢复性维修改造的决心，回来后就把主机、辅机及其他老化的设备进行了全面更新，提高安全性能，延长船舶使用寿命。

华夏湾"雪龙"号首次顶上冰盖——内陆考察新通道[6]

南极考察其中很重要的一项任务是进行物资的卸运工作，将国内运送过来的科考物资、建筑物资、车辆、油料等，从科考船上通过工作艇驳或雪地车或直升机等，从海上或冰面或空中运输到考察站，为科考站

6　本篇由沈权撰写。

运行提供必要的保障。

中山站卸货工作一直困难重重。作业季节开始时，由于海冰坚硬，"雪龙"号破冰能力有限，无法破冰至理想位置，利用轻型雪地车从海冰上批量运输作业无法展开，大多数物资需要依靠我国装备的中型直升机吊运完成。

我国第二十七次南极考察（2010—2011年）物资中有两辆单体重达25吨的重型雪地车要卸运上岸，因海冰路线长，冰情复杂而不具备条件；直升机最大起吊重量为5吨，但吊运这两台雪上"巨无霸"根本帮不上忙。若是这两台"巨无霸"不能及时运上中山站，将会直接影响到下个航次南极考察内陆队任务的计划和执行。

在中山站作业的近三个多月时间里，考察队一直在寻找战机。如在戴维斯站存放因冬季离中山站太远、冰上风险太大而放弃。进入2011年2月，中山站登陆点前的冰山和海冰依然密集无松动迹象，依靠小艇转运重型雪地车到中山站登陆点的可能性日渐消失。经过扩大勘查冰情，综合分析地形特点，反复研究可能方案后，考察队决定不再等中山站东侧登陆点开冰，改从中山站西偏北方向寻找新的登陆点。2月21日上午，当"雪龙"号凭借简单的水深资料抵达中山站西侧3公里的海珠半岛印度站时，发现那里的一处简易码头已经崩塌，巨无霸雪地车根本无法卸运并暂存那里的岸上，等待进入冬季后再寻机转运已无可能。

现场直升机考察发现，印度站旁边华夏湾与冰盖相接处仍有约1公里的海冰存在，根据岸型、冰山移动情况及现场海冰探测分析结果，领队顾问魏文良、船长沈权建议，考察队党委书记、领队刘顺林当机立断，决定索性将"雪龙"号开往冰盖边缘，尝试直接登陆的可能，并制订出了两套有针对性的卸运方案：一是将重型雪地车固定在驳船上，利用冰盖一侧的轻型雪地车将驳船沿冰面拖至冰盖登陆点；二是将重车直接吊放至海冰上，通过在海冰上铺设木板减小压强的方式，由考察队员驾驶重型雪地车开过海冰登陆冰盖。从人员和货物安全的角度考虑，考察队更倾向于选择风险相对较小的第一套实施方案。

2 月 21 日下午，调整好船舶吃水，保持平吃水船首稍有首倾的情况下，安排好驾驶员和网络工程师负责船速及水深的通报。华夏湾内没有水深资料，"雪龙"号在参加过 11 次南极考察，经验非常丰富的领队顾问魏文良的精心指导下，"雪龙"号船长沈权亲自驾驶，沉着指挥，时刻监测水深变化和岸型变化，速度 0.8 节、水深 50 米，速度 0.6 节、水深 80 米，冰道保持良好没有破碎现象……驾驶员和网络通信工程师不停报告水深和航速，经过 1 个小时的谨慎驾驶，在破冰 0.6 海里后，"雪龙"号小心翼翼地前进至冰盖边缘，保持船周围的冰完整。

当地时间下午 3:30，"雪龙"号到达南纬 69°24′23″、东经 76°17′12″ 的位置，船头已经轻触到冰盖前端的冰体了。此时，从位于船舷旁的卸货位置到冰盖登陆点仅有不足 100 米的位置，这是我国开展南极考察 20 多年来，考察船在南极的离岸最近位置，也是该地区其他国家的船舶没有到达的位置。

考察队再次进行探冰的结果显示：此处冰厚约 1 米，但其中约有 70 厘米呈棉絮状。这样薄弱的海冰，能否承受住重达 25 吨的重型雪地车重压，成为考察队面临的严峻挑战。考察队旋即组织人员进行吊放驳船和雪地车海冰承载力试验。试验结果显示，第二套方案更加可行。

为了尽可能减小压强，考察队发动全体人员身着救生服，用约 6 米长、30 厘米宽、6 厘米厚的木板，拼出了一个约 48 平方米的平面，同时又在平面上纵向加铺两块宽度与两条履带间距相当的木板以便行驶。与此同时，另一部分队员在昆仑站队副队长曹建西的带领下，驾驶轻型雪地车，携带拖带工具从中山站走陆路绕道到达冰盖登陆点岸边一侧，准备在巨无霸翻爬冰盖登陆点的陡坡时，利用轻型雪地车进行拖拽。

多次参加南极内陆考察的考察队副领队、昆仑站站长、共产党员夏立民主动承担起了此次驾驶重型雪地车冲刺海冰的重任。第一辆雪地车很快被从"雪龙"号吊放到了铺设在冰面上的木板上，并在不脱吊钩的情况下放松吊缆，前后开动，再次对海冰的承载能力进行了动态测试，结果显示方案基本可行。于是，夏立民不顾个人安危，登车启动，除领队刘顺林、领队顾问魏文良和救生人员之外，考察队其余人员全部撤离到安全地带，"巨无霸"的海冰卸运工作正式开始。

只见这台两人多高的大家伙开始慢慢脱钩，沿木板向登陆点缓慢行驶。由于木板数量有限，每前进约 10 米就需要停下来，等队员们把木板从车后搬至车前铺好后，再前移。这个过程缓慢而艰辛，一块木板 100 来斤重，队员们需在南极冰面上反复若干次倒换，一开始要两个人抬，之后 4 个人，到最后需要 6 个人才能抬得动，队员们体能消耗巨大。从船舷边到冰盖不到 100 米的距离，每辆雪地车需艰难行驶 1 个多小时。经过近 3 个小时的努力，到 2 月 22 日凌晨，两辆重型雪地车终于开上了冰盖。至此，第二十七次南极考察队中山站物资卸运工作全部完成。

"这是我国南极科学考察 27 年来的奇迹。"魏文良评价道，以往出于安全考虑，"雪龙"号对冰盖避而远之，此次船头顶到冰盖将为我国冰区航行积累宝贵经验，同时我国进军南极内陆多了一个新登陆点。有了破冰船后，我国有望通过该登陆点将物资直接运上冰盖，从而节约大量人力物力。

冰上卸运雪地车（沈权　摄）

船头顶到冰盖（沈权　摄）

南极内陆新登陆点

冰与海的征程
　　——"雪龙"号极地考察三十年

长城艇图克托亚图克港之行 [7]

根据中国首次北极考察计划，需要在加拿大北极圈内的图克托亚图克港与全球华人北极世纪行探险队会合。这次活动的意义重大，有利于增强中华民族炎黄子孙的凝聚力，更加全面地了解北极，展示中国的综合国力。

1999 年 8 月 13 日，"雪龙"号到达图克托亚图克港锚地，海关人员上船办理进关手续。但由于天气原因直升机不能起飞，无法把加拿大的海关人员、赵进平教授及日本科学家东久美子送到图克托亚图克港，以及把全球华人北极世纪行的队员接上船。因此，船上决定用小艇去图克托亚图克港。

18:00，"雪龙"号放下长城艇。此时，大船离港口较远（25 海里），加上航区复杂，暗礁密布，因此袁绍宏船长带着海图亲自下小艇指挥。小艇没有导航设备，只能用解教授带来的便携式 GPS 导航。这种小型 GPS 信号较弱，必须在外面才能接收到，因此船长便跪在前甲板上，摆上海图，指挥驾驶。外面正下着小雨，冰冷的雨水打在身上，在寒风的吹拂下，让人透着心的冷！可船长一直在甲板上不时地用对讲机发布命令，指挥小艇前进。经过 4 个小时的航行，小艇终于能看到图克托亚图克港微弱的灯火。但不知道码头的具体位置，经海关人员的介绍，前方闪光处便是码头，于是绕过浅滩，找到码头，岸上几个警察帮助系上缆绳，小艇便安全地靠港了。

当队员们踏上码头时，已是当地 8 月 14 日凌晨 2:00 了，举目远眺，只见几间小房子在昏暗的灯光下零星地散布着，道路在雨水的浸泡下，

---

7 本篇根据王硕仁回忆整理而成。

泛起黑色的泥浆，让人无从下脚行走。为了让大家去看看这小村，船长一人留守在小艇上。

于是一行十几个人便搭载警察的车去寻找全球华人北极世纪行的队员，由于警车后箱是全封闭的，体积又小，十几个人都挤在车厢里，人都喘不过气来。好在几分钟便到了，等警察把门打开，出来一看，眼前是一个小旅馆，一打听，这里没有住华人队员，其中有一个警察答应帮助找找。由于外面正下着雨，在老板的同意下，大家到餐厅里坐着。一走进这餐厅，首先被墙上的画所吸引，因为这些画都是北极的动物，栩栩如生，格外可爱，于是不停地在里面拍照。这里的老板是一个肚子挺大的老人，待人很热情，还免费提供咖啡。

时间不长，全球华人北极世纪行的领队糜一平来到旅馆，朱兵和黄嵘到小艇去换船长。船长、秦为稼处长和糜一平商量如何安排本次行动。原准备全体队员乘小艇马上返船，但由于队员的行李及部分物资在机场，而机场要到 8:00 才开门，不可能马上返回。后来天气好转了，直升机可以飞行，于是船长决定所有人员乘小艇原路返回，全球华人世纪行的队员则乘直升机。

但当小艇启动冲出港口时，一下摇到 20 多度，风浪太大，无法返回，船长当即决定调头靠码头。最后，船长决定留下朱兵、黄嵘、夏云宝和王硕仁，为了慎重起见，秦为稼处长也留在图克托亚图克港，待海况好转后，驾小艇回船。

在图克托亚图克港的一家旅馆里，几位草草地吃了一顿早餐，本想在这小村转转，但想到要驾艇回船，加上比较疲劳，因此秦处长决定先休息再说。但由于房租太贵，五个人在旅馆中只开了一间房间，里面有两张床，其中两个人睡地上，大家都很劳累，一躺下便睡着了。

在旅店休息了 4 个小时后，队员们觉得精神好了一点，而海况还是不好，于是决定去逛逛这因纽特小村。

因纽特小村的房子都不大，每一间房子旁边都有一个水罐，路上几乎没有人，偶尔能见到水罐车在行驶，也许他们每户的用水都是靠水罐车来运送。每家门口都有汽车、雪地摩托、自行车，很随意地放在外面，房顶上面晒着鹿角、鹿头。几乎每户都有狗，从房子前经过时，狗儿们便一阵狂吠，使人不敢靠近房子。

也许这里的人本来就少，也许这天是周末，一路上几乎没碰到人，只是当经过一所学校时看见几个小孩在操场玩。后来，大家找到一家商店，在店里见到一些小的工艺品，很好玩，可拿起来一看产地，竟是"MADE IN CHINA"。

返回旅馆后，打电话到船上询问海况，船长要求队员们在船时4点（当地时19点）联系。回到小艇，大家弄了一些饺子吃。正在这时，几个十几岁的小孩驾着一艘快艇在小艇旁边慢悠悠地经过，带着好奇的眼神打量。秦处长出去招呼他们上来玩，于是他们有点羞涩地登上了我们的长城艇。

就在这种友好的气氛中过了2个小时，这时天气有所好转，秦处长和朱兵通过卫星通信报告大船，准备返回。

艇要出去必须经过一个小口子，宽只有十来米。来时测深仪上显示，此处航道最深不到2米，稍不注意，便有搁浅的危险。于是朱兵站在船头，指挥船在口子中间最深处走。正当队员们不知如何往外走时，友好的因纽特小孩开着摩托艇在前面为我们引路。由于外面涌浪大，他们的摩托艇不能再远送，只好跟我们的队员挥手告别。

一出这小口子，小艇便摇晃起来。由于小艇上的磁罗经不能使用，只能靠一个便携式的GPS来确定航向，而GPS在驾驶室又不能接收到信号，要到外面才有信号。于是，五个人便分工各司其职，秦为稼处长总指挥，负责协调和保障；朱兵艇长负责小艇的航向及定位；夏云宝负责操舵，保持航向；黄嵘轮机长，负责主机的正常运转；王硕仁在外面负责 GPS 观测，及时报告小艇的航向及经纬度。此时，海面上的涌浪很大，小艇在涌浪的作用下，摇晃得很厉害，加上没有罗经指示航向，要通过 GPS 确定航向，再报给驾驶员，其间有一个延时，等驾驶员听到报的航向时，GPS 上所显示的航向已经变了，有时可能差 100° 以上，因此航向很难把定，好几次，小艇在原地打转。如果不能把定航向，小艇便无法到达大船，而且附近有很多暗礁和浅滩，一旦小艇偏离航线，就有可能触礁或搁浅，后果不堪设想。艇长朱兵很焦急，叫夏云宝赶紧走正西方向，先离岸边远一点。

经过一段时间的航行，小艇离岸边越来越远，可涌浪却越来越大，小艇最大摇摆到 20° 以上，大家都很紧张。此时的海面被大雾笼罩着，什么也看不见，只听见海浪拍击小艇声及机器的轰鸣声，偶尔在高频中听到大副汪海浪的呼叫，由于距离太远，高频功率太小，应答大船无法听到。此时一切都得靠队员们自己。

就这样小艇在风浪中缓慢地向大船驶去。在小艇离大船 19 海里的时，黄嵘试着去应答大船的呼叫，突然高频中传来汪大副激动的声音："小艇，我们听到你们了，我们听到你们了！"在这种环境下，听到如此亲切的回答，所有人都很兴奋，很感动，更给了大家战胜风浪的信心和勇气。

小艇继续顶着涌浪，艰难地向前行驶着，这时大船又听不到小艇的应答了。只听到船长呼叫："小艇，如果一切正常，按一下高频；如果有麻烦，按两下高频。"为了让全船的人放心，队员们按了一下高频报平安。就这样小艇航行了近 1 个小时，由于艇摇得很厉害，五个人都感到头晕想要呕吐，其中黄嵘真的呕吐了！此时大家都盼望着快点到船，尽快结束这次艰难的航行，于是不断地扩大雷达的量程，希望尽早找到"雪龙"号。当把雷达的量程放在 24 海里的时候，发现距我们 15 海里的地方有一目标，很有可能就是"雪龙"号，但此目标时隐时现，无法确定。队员们不断地呼叫大船，终于大船听到了我们的呼叫。

自从高频叫通以后，船上与小艇一直保持通话。船长通过高频告诉小艇上的队员们，全船的弟兄们都在关心你们，为你们担心，都盼望着你们早点平安归来！而且有很多人在驾驶台等候我们。

之后，驾驶台的人轮流与秦处长通话，这也给航行带来许多的欢乐，也使得这最后两个多小时的航程显得不再那么漫长。

经过 4 个多小时的艰难航行，小艇终于见到了"雪龙"号的灯光。大家心情非常激动，有一种无比的亲切感。这时，高频中船长说："小艇，我已经拉汽笛欢迎你们，听到没有？"听到这亲切的声音，小艇上的队员们都流下了激动的泪花。十多分钟后，长城艇靠上"雪龙"号。

长城艇从 8 月 13 日 18:30 出发，到 14 日 21:30 到船，一共 27 个小时，其中往返途中花近 10 小时，在图克托亚图克港逗留 17 小时。

首次北极科学考察时，朱兵、黄嵘、王硕仁都刚毕业不久，可谓初生牛犊不怕虎，敢拼敢闯，他们虚心好学、不怕吃苦、服从指挥，深受大家喜爱。经过岁月磨炼，他们现都已成了各专业的佼佼者，是极地考察的栋梁之才。

王硕仁：正高级工程师，现任极地重大工程与装备研究院院长、自然资源部极地工程技术创新中心副主任、中国海洋工程咨询协会极地分会秘书长。大连海事大学轮机工程学院船舶电气工程管理专业毕业。1997 年参加工作，参加过 15 次南极考察、5 次北极科学考察和 1 次中山站越冬任务，先后担任"雪龙"号电气工程师、实验室主任、政委和"雪龙 2"号政委，中国第 37 次南极考察中山站站长，极地科考破冰船建造工程总工艺师。

朱兵：高级船长，现任极地中心船舶管理中心副处长。1995年毕业于大连海事大学航海学院船舶驾驶专业。共参加15次南极考察和5次北极科学考察；曾在第十四届全国冬季运动会担任火炬传递手。

黄嵘：正高级轮机长，现任极地中心破冰船研究院院长、中国航海学会极地航行与装备专业委员会主任委员。大连海事大学轮机工程毕业，1998年参加工作，曾先后担任"雪龙"号、"雪龙2"号轮机长，参加过17次南、北极科学考察任务，全程参与极地考察破冰船的建造工作，并担任"雪龙2"号首次南、北极科学考察任务政委兼轮机长。2021年被评为中国首批正高级轮机长；入选2023年浦东新区明珠计划"明珠工程师"。

左起：黄嵘、朱兵、王硕仁

张炳炎院士
的"雪龙"
情缘[8]

张炳炎，山东省庆云县常家镇孟家村人，1934年10月14日出生在一个革命家庭。

1955年，未满21岁的张炳炎在选择赴苏联留学专业时，他在第一志愿栏里郑重写下"造船"两个字，在第二志愿栏里又写下"造船"两个字，在第三志愿栏里还是写下"造船"两个字。1960年，张炳炎在苏联列宁格勒造船学院船制系经过五年深造完成学业回国，投身于我国的造船事业，创造了一个又一个造船"神话"，树立了一座又一座造船事业的里程碑。

1971—1979年，张炳炎设计13 000吨级的远洋调查船"向阳红10"号，并创造性地解决了调查船的特殊抗风力、海洋调查船工作与抗台风对船的稳定性和耐波性要求的尖锐矛盾、大功率发信与收讯的电磁兼容、水声试验长期供电、大型直升机上船的机船结合等一系列重大技术难题，填补了国内空白。1980年，该船获国防科委重大科技成果总体设计一等奖，1985年又获国家科学技术进步特等奖。

1984年11月20日，由张炳炎主持设计的"向阳红10"号从上海港起航，开始了中国人的首次南极考察。"向阳红10"号是中国人自行设计、自主制造的第一艘极地科学考察船，为建立长城站和胜利完成首次南极科学考察的重任立下了汗马功劳，为祖国争得了荣誉。

8　本篇由徐宁回忆撰写。

1991 年 11 月至 1992 年 4 月，在我国第八次南极考察期间，时任中国船舶工业总公司七院第七〇八研究所研究员的张炳炎和其他三位船舶专家，乘坐"极地"号考察船亲赴南极考察。他们顶着狂风恶浪，不顾个人安危，克服晕船、呕吐等不良反应，坚持在全航程，特别是冰山林立、险象环生的南极冰区中开展船舶各项科学调研工作，为合理改造我国远洋考察船提供了大量科学数据。

1992 年 12 月，张炳炎受南极委和国家海洋局的派遣，率专家小组先期亲赴乌克兰赫尔松船厂，驻厂进行为期四个多月的"雪龙"号破冰船的技术监造和验收工作，圆满完成了"雪龙"号的购买和监造工作。之后，他又主持了对"雪龙"号破冰船的大型直升机平台、多学科考察实验室和考察队员住舱等重大技术的更新改造工程，使"雪龙"号具有先进导航设备、续航力达 2 万海里、满载排水量达 2.2 万吨级，我国第一艘极区航行的"雪龙"号破冰船跃居世界极地考察船前列。

张炳炎于 1995 年当选为中国工程院院士。

张炳炎设计的"向阳红 10"号退出极地考察后改造为"远望 4"号

张炳炎和沈阿坤船长进行技术交流

极地之子
——袁绍宏[9]

　　袁绍宏，江苏省泰州市姜堰区俞垛镇人。他从姜堰第二中学高中毕业后考上厦门集美航海学校，1986 年大专毕业后分配到设在上海的国家海洋局东海分局，在"实践"号远洋科学调查船上工作。1993 年 9 月，被任命为"雪龙"号大副，次年 6 月担任见习船长，1997 年 7 月任"雪龙"号船长，先后担任极地中心副主任、党委书记，国家海洋局东海分局党委书记。

9　本篇由徐宁撰写。

1993 年，袁绍宏到"雪龙"号工作以来，8 次赴南北极考察，10 次穿越南大洋暴风区，在南北极冰区作业航行 1 万多海里，大洋安全航行达 10 万海里，不断刷新我国科学考察船极地冰区航行的纪录。担任船长以后，他带领"雪龙"号开创了一年安全航行南北两极的先例；开辟了上海至北冰洋航线；创下了我国科考船在北极最高纬度的航行纪录。1997 年，他找到了取名为"馒头山"的锚地，结束了中国在中山站 10 年没有自己锚地的历史，为我国极地科学考察事业做出了重要贡献。他曾被授予"全国先进工作者""上海十大杰出青年"等荣誉称号，2002 年当选党的十六大代表。

袁绍宏常年驾驶着"雪龙"号驰骋于大洋和两极的恶劣海区，他本着科学、求实、创新的原则，知难而进、锐意进取，秉持着南极精神，以排除万难、夺取全面胜利的勇气，完成了南极和北极航次的科学考察运输任务，为我国极地科学考察事业、维护国家极地权益做出了突出贡献。

拥抱大海

1983 年，袁绍宏以高分考入集美大学航海系，在那里，了解认识并深深地爱上了大海。在学习中，他逐渐认识到强国必先强海，立志投身海洋事业。毕业后他被分配到国家海洋局，开始驾驶海洋科学考察船驰骋于各大洋和两极之间。实践使袁绍宏深刻认识到，要真正使自己成为合格的航海者，还要艰苦地努力。他下定决心从航海基础上扎扎实实做起，在实践中增长才干；他密切关注国内外航海发展新动向，学习国外的先进技术和管理经验，掌握最新航海设备仪器的情况，提高自己的综合素质。其刻苦学习的精神赢得了同志们的高度评价。外派期间他的学习精神感动了外国船长，临行时，船长将自己保存的两大箱专业书籍赠送给了袁绍宏，并说："我喜欢中国，更喜欢中国人，你的学习精神值得我学习。"

掌舵"雪龙"号

1993 年"雪龙"号首航南极，由于南极复杂恶劣的环境，必须做好各方面的充分准备。就在这种情况下，袁绍宏来到了"雪龙"号，开始了他远征两极的航程。

上船后，他凭借多年的航海经验，结合"雪龙"号的特点，敢于开拓创新，设计出"雪龙"号稳性电脑计算程序，解决了"雪龙"号稳性计算时手工操作效率低、精度差的问题，保证了在各种海况下及时提供船舶稳性参数，提高了船舶安全性。

南极是地球上风速最大、最寒冷、唯一没有土著居民的大陆，由于人类活动少，可供航海者参考的资料少、精度低，这就对极区航行提出了更高的要求。袁绍宏认识到，必须想办法在长城站和中山站附近海域找到理想和固定的锚地。一股强烈的责任心和使命感令这位年轻的船长主动作为，寻找属于中国人自己的锚地。在海洋和测绘工作者的大力配合下，他组织指挥勘测小组，顶寒风、战恶浪，历时 30 多天，先后在两站海域找到中国人自己的锚地，保证了后续"雪龙"号在这些海域停泊安全，节省了"雪龙"号因无锚地而机动抗风、不断规避冰山所造成的燃油消耗，节省了大量经费。

在第十八航次中，"雪龙"号在长城站锚地停泊 8 天，日夜卸货，在强劲的大风中两万多吨的"雪龙"号在波涛中颠簸。而船的周围不远处就是浅滩或密布的礁石，稍有不慎，就会发生重大事故。袁绍宏始终牢记自己的使命和责任，在关键时刻坚守在驾驶台上，吃饭在此，累了、困了也只在旁边的沙发上闭闭眼，昼夜亲自指挥，船曾经被风浪吹得 6 次走锚，但就是由于防备在先，及时启动主机，才避开了一次次危险。袁绍宏沉着冷静和果敢指挥，"雪龙"号一次次化险为夷。

由于极地区域的特殊环境，加上航海的海图资料、气象资料的缺乏和可靠性差，袁绍宏作为船长，驾驶着"雪龙"号，承担着极大的风险。每次穿越风大浪高的西风带，在船只摇摆30°以上的航行中，他时刻坚守在自己的岗位上，并亲自到第一线掌握实情，力争做出科学的决策。多少次风险，多少次转危为安，心系极地考察事业的袁绍宏在困难面前从不言退。

在第十五航次中，"雪龙"号遇到了气旋——台风，浪头打上了7层多楼高的驾驶台，万吨轮在大海中就像一片树叶一般，大幅度的摇摆令人站立不稳。袁绍宏带领全体船员沉着应战，连续几天几夜没有离开过驾驶台一步、在他的指挥下，"雪龙"号转危为安。

第十六航次中，遇到了30年罕见的严重冰情，为了探路，他亲自下船，在酷冷易滑的海冰冰面行走，冰雪、汗水灌进雨靴，使他冻僵的双脚举步维艰，在这种条件下他竟然往返走了50 000多米。长时间的紫外线照射使他脸颊肿胀，疼痛难忍。皇天不负有心人，整整14小时，他终于找到了突破的捷径。

在第十八航次中，为了探索海冰卸运，他和科考队40多人一起，采取绳拉人推的方法试运超重水泥构件，将构件拖移了4 200米，拉到中山站安全冰面上。由于长时间的猫腰屏气使劲，他腰肌劳损复发，剧烈的疼痛使他躺在了海冰上。

南极困难无奇不有，无处不在，而袁绍宏却将自己的青春锚固在这片土地上。

多年的极区航行，再加上善于学习，袁绍宏在业务方面出类拔萃。第十六次南极考察，中山站海域冰情严重，在陆缘冰宽达25公里的情况下，他亲自勘探冰情，指挥"雪龙"号耗时45小时15分钟，破冰23公里，为中山站油料的补给和物资卸运创造了条件，立了头功。在第十八次南极考察的航行期间，袁绍宏几次及时修正航向，避开了气旋的影响，确保"雪龙"号和考察队的安全。在从南极返回穿越西风带，他技高胆大，"雪龙"号硬是从气旋的边缘擦肩而过，快速安全穿越西风带。袁绍宏还带领船员认真研究废气锅炉的使用方法，大胆启用废气锅炉，利用主机预热产生蒸汽，为重油舱加温和其他设备提供蒸汽，停用燃油锅炉，共节省油料 480 多吨。

2002 年走上极地中心领导岗位后，他又把目光瞄向了一个更大的命题，提出了"十五"能力"雪龙"号改造方案和恢复性维修改造方案，全面提升"雪龙"号的安全性和科学考察保障能力，让中国极地科学考察事业赶上国际先进水平，使"雪龙"号破冰船成为科学家自己的"科研殿堂"。

袁绍宏在船上讲解"雪龙"号性能和南极考察情况

"乌斯""怀亚"恭贺"雪龙"号第二船长喜得千金[10]

2014 年新年刚过，"雪龙"号刚刚抵达乌斯怀亚，第二船长赵炎平喜得千金，母女平安的好消息就传到了船上。为了恭贺赵船长并纪念这一时刻，新华社记者张建松将自己带来的两只小马毛绒玩具送给他的女儿，并将其中一只小红马起名"乌斯"，一只小黄马起名"怀亚"。这两只小马是临行前上海分社同事让她带到船上，以配合马年的报道活动。不曾想如今成为"雪龙"号第二船长女儿的出生礼物，相信同事们得知后也很高兴。

"雪龙"号是我国当时唯一的一艘极地科学考察船，常年奔波在地球南北两极。1982 年出生的赵炎平此时也已经九赴南极了。在本次南极考察前，有两位驾驶员辞职，"雪龙"号是单船管理，备用船员有限，缺少驾驶员，赵炎平又是见习船长，极地中心急需培养新的船长，希望他能克服困难，继续执行南极考察任务。赵炎平回家细致耐心地与妻子进行了沟通，得到妻子的支持，为了国家的需要，愿意自己克服困难。出海后，他在工作之余还是时常会担心挂记着妻子的情况。领导和同事为了疏解赵炎平的心情，知道他妻子的预产期大概就是"雪龙"号停靠阿根廷乌斯怀亚期间，有人就提议，如果养男孩叫乌斯，女儿就叫怀亚，引起了大家开怀大笑。

船员们不易，作为船员的妻子更不易。分娩是女人一生中最为脆弱的重要时刻，而丈夫却不能陪伴在身边，心里一

---

10 本文根据张建松原稿整理。

定很委屈，但她很坚强。希望"乌斯"和"怀亚"能给他们的小宝贝童年带来欢乐，并祝福她像奔腾的小马驹一样茁壮成长。

赵炎平手捧"乌斯""怀亚"

赵炎平：浙江绍兴人，高级工程师，现任极地中心极地船舶管理中心处长。2003 年毕业于集美大学航海技术系，共参与 16 次极地考察任务。先后担任"雪龙"号和"雪龙 2"号船长、极地科学考察破冰船项目监造组组长、"雪龙 2"号首任船长；党的二十大代表、中央和国家机关"优秀共产党员"、自然资源部直属机关"优秀共产党员"、2022 年度"海洋人物"，曾获中国航海协会科学技术一等奖。

船员：早已习惯了在外过年[11]

"家里怎么样？""放心吧，我在船上挺好的。""酒有没有多喝？"……

2000 年 1 月 30 日，"雪龙"号的驾驶台，吃过晚饭，不少队员在这里用卫星电话给国内的亲朋拜年，显得十分热闹。"雪龙"号通信并不是很方便，为了让大家能够及时和国内的亲朋拜年，考察队领队在春节期间特意将船上的卫星电话向全体队员开放。新华社记者张建松也将自己的便携式宽带终端（BGAN）免费提供给大家使用，这样每名考察队员都有了打电话拜年的机会。

大部分队员都将通话时间控制在了三分钟以内，一方面是为了方便后面的人与国内联系，另一方面，也是因为已经"习惯"了。在"雪龙"号上，有很多船员甚至已经连续执行南极考察任务超过 10 年，他们中有人已经十几年都没有与家人一起过新年了。

吴林，"雪龙"号实验员，执行过首次南极考察任务，

11　本文由赵宁撰写。

参加过 15 次南极考察任务、2 次北极考察任务。

唐飞翔，"雪龙"号水手长，执行过 14 次南极考察任务、5 次北极考察任务。

包志相，"雪龙"号厨师长，执行过 12 次南极考察任务、4 次北极考察任务。

王建忠，"雪龙"号船长，执行过 12 次南极考察任务、3 次北极考察任务。

王硕仁，"雪龙"号政委，执行过 14 次南极考察任务、4 次北极考察任务。

……

在这些名字的背后，是一个个在春节无法团圆的家庭，为了我国的极地事业，他们牺牲了各自的小家，也正是因为他们的无私奉献，才让我国的极地事业结出了累累硕果。

母亲，请等儿回家 [12]

我的母亲是一位平凡的母亲，就像千千万万家庭主妇一样，勤劳、善良，操持着家里的一切。自 16 岁离家外出读书后，难得有时间回家看望母亲；工作后虽家在上海，离母亲家也很近，但船员生活使我常年漂泊在外，除了节假日外几乎没有时间看望母亲。母亲最常对我说的一句话就是："好好工作，没时间就不要来看我，我身体很好。"2004 年，"雪龙"号圆满完成我国第二十一次南极考察任务回到上海吴淞口后，我才抽空给母亲打电话报平安，接电话的嫂子告知母亲生病住院。原来我母亲两个月前因胃部不适去医院，检查结果为胃癌晚期，虽然做了胃全部切除手术，但癌细胞仍已扩散至淋巴、血液。母亲坚决不让

---

12 本篇为赵勇于 2006 年元旦作于"雪龙"号南极之行期间。

家人打电话告诉我，好让我在南极安心工作。得知这一消息，我已是泪流满面，不相信这是事实，一向非常健康的母亲怎会突然得此重病，更后悔平时没有多关心她，没有尽到做儿子的责任。第二天凌晨3:00，船一靠码头，我就直奔医院，看到躺在病床上脸色苍白的母亲，流着泪说："妈妈，怎么会这样？"母亲说："你总算回来了，平安回来就好。"我说："以后我再也不出海了，我要陪在你身边。""不用，你只管做好你的工作吧！"母亲说。此后，我只要一有空就去看望母亲，陪母亲到处看病、做化疗，为母亲买最好的药，希望能尽量延长母亲的生命，让我弥补以前对她的亏欠，尽到做儿子的一份孝心。

当听说"雪龙"号又要执行第二十二次南极考察任务时，我马上向单位领导提交了不出海的申请，领导经过研究讨论还是希望我出海，在忠孝不能两全的情况下，我毅然决定再赴南极。回家后，我不敢把出海的消息告诉母亲，怕她接受不了，依然经常陪母亲去看病，期盼母亲的生命能延长，能等到我再一次从南极回来。

此次出海前，母亲在医院做最后一次化疗，我向医生询问母亲的状况，得知她的情况不是很好，最多一到两个月。我哭着对医生说："求求你医生，能否用最好的药延长我母亲的生命，好让我四五个月回来后还能见到她。"医生表示只能尽力而为。

出海前一天，我与母亲道别，看着已骨瘦如柴的母亲，流着泪说："妈妈，明天我又要去南极了，你好好养病。"母亲说："我早知道你要去南极，安心去吧，不要担心我的身体。"

多么平凡而伟大的母亲，明知自己的生命有限，临终未必能见到儿子，可为了儿子的事业，毅然支持他。我为有这样的母亲感到自豪！而我能做的就是在船上努力工作，为我国的极地事业做出自己应有的贡献。

如今身在南极，我只能向上天祈祷："让母亲能等到我回家吧"！

"雪龙"号历任领队、首席科学家和主要船员名录

南极考察

队次	党委书记	总指挥/领队	副总指挥/副领队	首席科学家
11次队	陈德鸿	陈德鸿	—	—
12次队	王德正	王德正	—	—
13次队	陈立奇	陈立奇	范润卿	—
14次队	贾根整	贾根整	叶在亨	—
15次队	王德正	王德正	—	—
16次队	盛六华	盛六华	王德正	—
18、19次队	魏文良	魏文良	—	—
21次队	张占海	张占海	袁绍宏	张占海
22次队	魏文良	魏文良	杨惠根	杨惠根
24次队	魏文良	魏文良	秦为稼	—
25次队	杨惠根	杨惠根	秦为稼	杨惠根
26次队	袁绍宏	袁绍宏	李院生	—
27次队	刘顺林	刘顺林	夏立民	—
28次队	刘刻福	李院生	朱建钢	—
29次队	曲探宙	曲探宙	李院生 / 孙 波	刘顺林
30次队	刘顺林	刘顺林	夏立民 / 徐 挺	—
31次队	袁绍宏	袁绍宏	徐 韧	—
32次队	秦为稼	秦为稼	汪海浪	—
33次队	孙 波	孙 波	石建左	杨惠根
34次队	杨惠根	杨惠根	孙 波	陈大可 康世昌
35次队	孙 波	孙 波	魏福海	潘建明 何剑锋*
36次队	徐世杰* / 徐 韧	徐世杰* / 夏立民*	魏福海 / 夏立民*	张北辰
38次队	徐 宁* (副书记)	张北辰	徐 宁*	张北辰
39次队	赵俊杰 (副书记)	张体军	徐 宁* / 赵俊杰	张体军
40次队	谢 健 (副书记) / 王金辉* (副书记)	张北辰	谢 健 / 王金辉* / 魏福海*	张北辰

北极科学考察

队次	领队	首席科学家
首次队	陈立奇	陈立奇
2次队	张占海	张占海
3次队	袁绍宏	张海生
4次队	吴 军	余兴光
5次队	杨惠根	马德毅
6次队	曲探宙	潘增弟
7次队	夏立民	李院生
8次队	徐 韧	徐 韧
9次队	朱建钢	魏泽勋

主要船员名录

船　　　长：沈阿坤　袁绍宏　沈　权　王建忠
　　　　　　赵炎平　朱　兵　张旭德

政　　　委：赵长海　李远忠　裴福余　瞿福宫
　　　　　　罗宇忠　汪海浪　王硕仁　吴　健
　　　　　　周豪杰　程　骁

轮 机 长：赵国明　徐建设　赵　勇　黄　嵘
　　　　　　吴　健　周豪杰　程　骁

系统工程师：徐　宁　王硕仁　袁东方　何金海
　　　　　　肖永琦　姜国荣　张晨阳　王林浩

报 务 主 任：陈海平　顾伟荣　龚洪荣

实 验 室 主 任：王硕仁　夏东方　夏黄月　陈清满
　　　　　　姜国荣　谢海翔

注明：加 * 表示在"雪龙 2"号上

第六章

双龙探极，开启
极地考察新时代

黄嵘 摄

2009 年，我国已经完成了 15 次南极考察、4 次北极科学考察，北极科学考察开始纳入年度考察计划，再加上每年开展内陆考察，南大洋调查任务也日益加重，仅有"雪龙"号已难以满足我国极地考察支撑保障的需求。在此背景下，极地中心提出了新建极地考察破冰船（"雪龙 2"号）的建议书。2009 年 6 月，项目获得批准立项，明确采取"国内外联合设计，国内建造"的方式，即国内和国外在科考及破冰方面领先的公司共同参与设计。经过公开招标，708 所作为技术支撑单位和详细设计单位，芬兰 Aker 公司则提供了概念船型设计和建造中的重大问题咨询指导，江南造船为建造单位。

由于设计建造的复杂性和先进性，"雪龙 2"号的设计建造过程非常艰辛，历时十年。其间面临许多技术挑战，如破冰艏和侧推孔带来的气泡下泄问题、操纵安全性问题，以及如何精准控制整船重量重心等问题。这些技术难题在设计建造过程中被逐一攻克，并转化为技术亮点。"雪龙 2"号的建造是一个融合国内外先进技术于一体的复杂工程，凝聚了国内外技术团队的辛勤努力和智慧。

"雪龙 2"号是我国第 4 艘极地科学考察船，也是我国自主建造的首艘极地科考破冰船，总长 122.5 米，设计排水量 1.399 万吨。"雪龙 2"号还是国际上第一艘采用船艏、船艉双向破冰技术的极地科考破冰船，破冰能力为 PC3 级；具备在 2 ~ 3 节船速连续破 1.5 米冰加 0.2 米积雪的能力，艉部破冰可突破 20 米冰脊，破冰能力强，是一艘能满足无限航区航行和作业的先进船舶。

"雪龙 2"号配备船内通海的方形月池系统，温盐深剖面仪等科考设备可在月池中收放，确保"雪龙 2"号可以在海冰密集海域或恶劣海况下作业，从而极大拓展考察区域；破冰能力增强、甲板设备抗低温性能及保温设计，可以把原来仅限夏季的考察延展至春季和秋季，有利于系

船内设备

CTD 绞车 1
万米地质绞车（纤维缆）1
深拖绞车 1
同轴电缆绞车 1
水温生物绞车 2
MVP 绞车 1
地震电缆绞车 2
地震炮缆绞车 2（2）
地震空压机 2（1）
ROV 绞车 1
地球物理导航定位系统
磁力仪
重力仪
表层海水基础参数检测系统
共 14 台绞车
30 吨 A 型架 1
20 吨 Π 型架 1
24 吨折臂吊 1
6 吨折臂吊 1
波罗的海 – 月池车间行车和伸缩臂 1

科学实验室和甲板

气象实验室
物理试验室
第一通用实验室
第二通用实验室
波罗的海 – 月池车间
调查设备集中控制室
低温实验室
冷藏样品库
重力仪室
表层海水设备间
科学存储库
网络服务器室
月池
实验室面积：580 平方米
作业甲板面积：约 600 平方米

罗经平台设备

卫星通信天线（VSAT）1
气象遥感卫星天线 1
自动气象站 1
遥感大气湿度和温度微波辐射计 1
风温廓线雷达系统 1
海 / 冰 – 气界面湍流通量观测系统 1
GPS 大气和臭氧探空系统 1
大气成分监测系统 1

科学桅杆设备

自动气象站 1
遥感大气湿度和温度微波辐射计 1
海 / 冰 – 气界面湍流通量观测系统 1
大气成分监测系统 1
海冰三通道微波辐射计 1
海冰微波辐射计 1
多通道海冰光谱仪 1

下放或拖曳设备

温盐深（CTD）
声学多普勒声学海流计（LADCP）
沉积物柱状取样器（sediment Corer）
沉积物捕集器（Sediment Traps）
连续浮游生物记录仪（CPR）
走航式多参数剖面仪（MVP）
生物拖网（Nets）
海底钻机
缆控水下机器人（ROV）
无缆水下机器人（AUV）
电视抓斗
深拖（Deep Tow）
声速剖面仪（SVP）
海地地震仪（OBS）
海洋数字地震系统

升降设备

超短基线

箱形龙骨安装换能器

走航式多普勒声学海流计（ADCP）2
万米测深仪 2
多波束（Multi Beam）2
浅海多波束 2
浅地层剖面仪 2
生物声呐 2
共 12 个换能器

说明：
白色为固定设施设备
红色为移动设备
橙色为可选择

"雪龙 2"号主要科学调查设施和设备示意图

并肩破冰，探索极地奥秘（黄嵘　摄）

冰与海的征程
——"雪龙"号极地考察三十年

统掌握极地海洋的变化规律；配备了深水和中浅水多波束系统、海洋地震勘探系统、深海浅地层剖面等一整套海底探测设备，弥补了中国在极地海底地形和基础构造精细化测量领域的短板；配备DP2定位系统，能够在精准的定位下进行调查作业，避免船体受风和流的影响而漂移，提高作业精度；配备了包括二氧化碳分压在内的多参数走航观测系统，可以在更大的时间和空间尺度获取相关的观测数据。先进的科考装备可满足多学科探测和采样需求，显著提升我国的极地海洋科考能力。

2019年7月11日，"雪龙2"号正式交付，同年10月在深圳海博会上惊艳亮相，深圳当地民众踊跃上船参观，网上1500张参观券被秒光抢购，参观过的民众纷纷称赞，对我国的强大技术实力感到非常自豪，极大地激发了大家的爱国热情。离开深圳后，"雪龙2"号直接奔赴南极，执行我国第三十六次南极考察任务，在中山站与"雪龙"号会合，开启了"双龙探极"考察新模式。

"雪龙2"号和"雪龙"号分别于2019年10月16日从深圳和10月20日从上海出发执行我国第三十六次南极考察任务，这标志着我国南极考察正式开启"双龙探极"的时代。在这次考察中，"雪龙2"号发挥了破冰引航的重要作用，为"雪龙"号海冰卸货开辟了一段约14海里的冰上航道，然后各自按计划完成考察任务。

遥相守望，共赴极地

　　这次考察历时198天，两艘极地科学考察船行程共7万余海里，圆满完成了南极陆地科学考察、工程技术维护，以及南极罗斯海、宇航员海、阿蒙森海等相关海域调查，共完成62项既定任务，取得了丰硕成果。

　　"雪龙2"号入列极地考察，"雪龙"号不再形单影只，孤军奋战，我国开启了"双龙探极"考察模式。两船共同执行南北极科考任务，在考察队人员构成、航线规划和任务配置等方面提供了更多的选择，极大地拓展了中国南北极考察的连续性和覆盖面，提高了极地科考效率，有效增强了中国南北极考察的综合能力。

"双龙探极"提升了我国的科学考察能力，能够加快、加大科研成果产出，受到了广大科考队员特别青睐。

2024年2月7日，位于罗斯海恩克斯堡岛的秦岭站正式开站，这是我国第五个南极考察站。该站是新时代我国建成的第一个越冬考察站，考察站的建成具有划时代的历史意义。

位于罗斯海恩克斯堡岛的秦岭站

我国的南极常年越冬站长城站、中山站和秦岭站分别对应大西洋扇区、印度洋扇区和太平洋扇区，秦岭站填补我国在太平洋扇区长期观测的空白，从而对南极长期观测网进行系统构建，更好地回答气候变化、冰雪和生态环境变化机理等前沿科学问题。

在科考领域拓展方面，秦岭站利用地理区位优势，开展冰间湖生态过程、冰架－海洋相互作用等前沿科学问题的研究，提升我国的海洋科考研究能力。长城站观测研究的重点是生态系统，中山站是雪冰和空间环境，而秦岭站则是海洋。南大洋与全球气候变化、磷虾等生物资源利用密切相关，也是国际社会关注的焦点。

在国际合作方面，秦岭站与周边美国、新西兰、德国和意大利等国考察站进行合作，推动把考察站海洋实验室建成国际合作平台，努力推动罗斯海沿岸各国考察站的合作成为南极考察合作的典范。秦岭站往北有意大利和德国地度夏站、韩国地越冬站；往南有美国麦克默多站和新西兰科考站，均分布在罗斯海南岸和西岸。秦岭站与周边多国的考察站合作，共同推进对罗斯海和罗斯冰架等的观测研究，共同履行区域生态环境保护。

2月7日，在秦岭站落成开站之时，习近平总书记致电秦岭站祝贺。贺电为极地事业发展提供了根本遵循，指明了方向，这是对我国极地工作的关怀和鞭策，极大鼓舞了极地工作者的科学考察热情，我国极地考察下一步将不断提升极地考察保障能力、科学研究能力，同国际社会一道，更好地认识极地、保护极地、利用极地，努力为增进人类福祉做出更大的贡献。

"雪龙"号、"雪龙2"号必将承担更多、更重的任务，发挥"双龙探极"的优势，为极地考察做好坚强的支撑堡垒，助力我国极地考察龙腾发展。

$$\bigstar \quad \bigstar \quad \bigstar$$

习近平总书记致中国南极秦岭站的贺信 *

值此中国南极秦岭站建成并投入使用之际，我谨表示热烈祝贺！

今年是中国极地考察 40 周年。40 年来，在党的领导下，我国极地事业从无到有、由弱到强，一代代极地工作者勇斗极寒、坚忍不拔、拼搏奉献、严谨求实、辛勤工作，取得了丰硕成果。中国南极秦岭站的建成，将为我国和全世界科学工作者持续探索自然奥秘、勇攀科学高峰提供有力保障。希望广大极地工作者以此为契机，继续艰苦奋斗、开拓创新，同国际社会一道，更好地认识极地、保护极地、利用极地，为造福人类、推动构建人类命运共同体作出新的更大的贡献。

春节即将来临，我向广大极地工作者致以诚挚问候和美好的新春祝福！

习近平

2024 年 2 月 7 日

---

* 引自新华社北京 2024 年 2 月 7 日电。

后记

　　1993 年 5 月，我到"雪龙"号担任电机员（现称系统工程师），参加我国第十一次南极考察（"雪龙"号首航）至第十五次南极考察，连续五年执行南极考察任务。那时由于通信条件差，船上能收到的气象资料少，每次穿越西风带都是摇晃 25° 以上，最大的一次摇晃 40 多度，2 万多吨的"雪龙"号，就像一叶小舟，穿梭于惊涛海浪之中，非常危险。

　　见过巨大的冰山翻滚，原来平静的水面，突然兴起波涛，小块浮冰，像装了马达一样快速奔跑，大船也产生剧烈摇晃；也曾经历过小艇失去动力，风大浪急，只能在乱冰中避浪，等待救援，南极下降风吹在脸上宛如刀割，我们在小艇上又饿又冷，南极经历的风险很多，永生难忘。

　　那时，连续五个春节都在南极"雪龙"船上过，不能与家人团聚，虽然船上总会安排热闹的春节活动，但每逢佳节倍思亲，还是难免心里不好受；每次出航离开码头时，看着慢慢远去的老婆、幼儿不断挥舞的手，我的眼泪止不住地充盈眼眶，只能转身偷偷擦拭，深深感受远离亲人的酸楚。

极地考察本来就是一个探险的活，非常不容易，曾经有一位领导说，只要能安全从南极回来，都是英雄，因为他们舍家别妻，不怕牺牲，敢于挑战，他们有英雄主义精神和爱国主义精神。

在"雪龙"号入列极地考察三十年之际，很多人建议我写一本关于"雪龙"号的书。虽然后来调到船舶管理处工作，但我一直没忘记曾经一起同舟共济的船上亲如兄弟的战友们。自觉三十年来一直与"雪龙"号相伴，对它了解比较全面，因此就主动承担此大任。

可真的落笔要写成书，才知道缺少的素材太多了。以前只是知道大概而已，但是写书需要具体时间、事件细节、历史照片，这些很匮乏。而且，自己又是才疏学浅，感觉很难下笔，好几回都想打退堂鼓，可又无路可退，谁叫我管了这么多年的"雪龙"号呢！只能硬着头皮慢慢干，组织大家一起编写。

还好有一批老"雪龙"人的支持，大家齐心协力，有照片的提供照片，有文章的提供文章，特别是原"雪龙"号政委王硕仁提供了他收集的历次《极地之声》（原《雪龙报》），对回顾每次考察的情况非常有帮助。同时，感谢罗玮提供了大量"雪龙"号照片。书中还有一些文章来自《极地之声》，包括照片，感谢新华社记者张建松、《中国海洋报》记者赵宁等作者支持。书中照片，知道作者的都标注了，部分照片由于时间较早，未知作者，由考察队提供，请作者谅解，在此一并表示感谢。极地中心参加编写的人员都已列入编写人员名单中。书中定有瑕疵和疏漏，不妥之处恳请大家批评指正。

《冰与海的征程——"雪龙"号极地考察三十年》客观讲述了"雪龙"号三十年的发展历程和南北极考察取得的成就，记载了考察队员在南北极考察艰险经历和场景，以及考察队员报效国家、默默付出、鲜为人知的感人故事。书中大量引用了考察队员日记、《极地之声》的文章、现场拍摄的照片，忠实记录了考察队员在冰雪世界劈波斩浪、破冰前行、勇于拼搏的感人事迹和精彩瞬间，全面记载了"雪龙"号极地考察三十年历程。

编撰此书，旨在宣传极地考察四十周年的辉煌成就，以及"雪龙"号上船员和考察队员不畏艰险、不怕牺牲、为中华民族伟大复兴、为建设海洋强国和极地强国而奋斗的精神，激励后来者创新拼搏，创造更大的辉煌。

徐　宁

2024 年 9 月 25 日

雪 龍
XUE LONG

黄嵘 摄